AF463626

8° T 52
C
250

DES FRAUDES DANS L'ARMÉE

ET DANS LE

COMMERCE DU BÉTAIL

(Bétail sur pied, Viandes et Produits manipulés)

avec une préface du Dr PAGÈS

Vétérinaire Délégué de Paris et de la Seine, Docteur ès sciences

Par M. RAYNAL

Vétérinaire Militaire, Officier Acheteur de la Boucherie Militaire de Toul

PARIS
HENRI CHARLES-LAVAUZELLE
Éditeur militaire
10, Rue Danton, Boulevard Saint-Germain, 118

(MÊME MAISON A LIMOGES)

DES FRAUDES DANS L'ARMÉE

ET DANS LE

COMMERCE DU BÉTAIL

DES

FRAUDES DANS L'ARMÉE

ET DANS LE

COMMERCE DU BÉTAIL

(Bétail sur pied, Viandes et Produits manipulés)

avec une préface du Dr PAGÈS

Vétérinaire Délégué de Paris et de la Seine, Docteur ès sciences

Par M. RAYNAL

Vétérinaire Militaire, Officier Acheteur de la Boucherie Militaire de Toul

PARIS

HENRI CHARLES-LAVAUZELLE

Éditeur militaire

10, Rue Danton, Boulevard Saint-Germain, 118

(MÊME MAISON A LIMOGES)

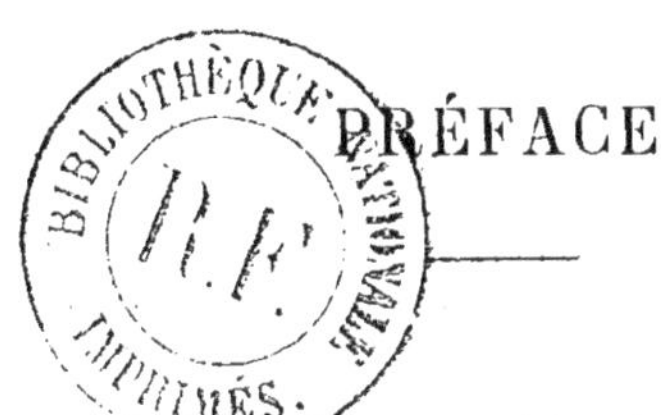

PRÉFACE

On devrait distinguer, parmi les fraudes, celles qui affectent notre corps de celles qui ne touchent que notre fortune : le bon sens a toujours dit, avec Descartes, que « la santé est le premier des biens et le fondement de tous les autres ». On devrait distinguer aussi, parmi les premières fraudes, celles qui agissent lentement, progressivement, et à peu près sur tout le monde, de celles qui frappent brusquement et violemment un petit nombre d'individus. Les fraudes à action lente et universelle sont incomparablement plus nuisibles que les autres; elles peuvent à la longue compromettre le développement physique d'un peuple; néanmoins on en parle peu. De même qu'en médecine une maladie relativement très rare, la rage, frappe bien autrement l'attention du public, des législateurs et même de quelques savants, qu'une maladie fréquente comme la fièvre typhoïde; de même, en hygiène, la vente accidentelle d'un animal charbonneux effraie davantage que la vente continuelle d'une viande jeune, tout autant que la vente d'un pain fraudé chimiquement semble incomparablement plus dangereuse que celle d'un pain nutritivement insuffisant.

J'ai parlé ailleurs de l'altération de notre pain quotidien (1); je dirai ici quelques mots de la vente pour la boucherie d'animaux jeunes.

Elle devient de plus en plus fréquente, et c'est à juste titre que Raynal lui a consacré l'un des chapitres les plus intéressants de cet opuscule. A Paris, l'on ne mange plus que des porcs de 8 à 10 mois, 1 an au plus, qu'on appelle des *laitons* parce que le crochet n'est pas encore sorti ; des moutons ou plutôt des agneaux de 8 mois à 1 an, rarement de 1 an à 18 mois, et des bœufs de 3 à 5 ans, tout au plus de 6 à 8 ans. Les raisons de cette transformation sont de trois ordres : les citadins ne veulent que de la viande tendre ; la production d'animaux précoces qu'on peut sacrifier jeunes est beaucoup plus rémunératrice que celle des animaux ordinaires ; enfin les petits bouchers, de plus en plus nombreux, ne peuvent tuer que de petits bœufs, c'est-à-dire des animaux de 3 à 4 ans dans les grandes races.

La viande des animaux jeunes n'a ni la sapidité, ni la valeur nutritive de celle des animaux adultes : elle s'infiltre précocement de graisse, et la gélatine n'y est pas encore complètement transformée en fibrine. Mais son défaut le plus grave est la pauvreté du sang qu'elle contient ; la pâleur de la fibre, comme du sérum, montre bien que la matière la plus importante du sang, celle qui semble mesurer l'énergie vitale, l'hémoglobine, n'est pas très abondante, et qu'elle n'a pas encore acquis son organisation définitive. D'ailleurs, pour avoir de gros enfants, on fait généralement appel aux

(1) *Hygiène pour tous.*

reproducteurs anglais les plus précoces, qui portent au plus haut degré les défauts que nous venons d'indiquer.

Tout d'abord on se contenta de substituer les porcelets aux porcs et les agneaux aux moutons ; mais, depuis quelques années, les bœufs arrivent de plus en plus jeunes sur nos marchés, et la viande qui donne à l'homme la plus grande force se trouve ainsi progressivement altérée : le pot-au-feu en particulier, qui jouait naguère un si grand rôle dans l'alimentation de l'ouvrier des villes, ne donne ni bon bouillon ni bon bouilli, et finit par fatiguer tout le monde.

Cette transformation a été plus nuisible aux bœufs d'herbe (normands, nivernais, etc.) qu'aux bœufs d'étable (limousins, auvergnats, etc) : ceux-ci sont bons à 3 ou 4 ans, les autres seulement à 5 ou 6 ans. Aussi, tandis qu'il y a quelques années on voyait avec plaisir arriver les bœufs d'herbe sur nos marchés, on y regrette maintenant les bœufs d'étable : il n'y a guère que les bouchers ayant une grosse et riche clientèle qui peuvent sacrifier des bœufs d'herbe d'un certain âge et d'un grand poids.

J'appelle donc l'attention sur la partie de cet opuscule consacrée à la tromperie *sur l'âge* des animaux de boucherie. Les individus chargés de l'approvisionnement de l'armée, des collèges et lycées, des hospices, etc., devraient n'accepter que la viande des animaux ayant un âge suffisant, c'est-à-dire 15 à 18 mois pour le porc, 18 mois à 2 ans pour le mouton, 4 à 5 ans pour les bœufs d'étable et 6 ou 7 ans pour les bœufs d'herbe. Il est curieux de constater que le veau, qui lui n'est bon que jeune, est sacrifié au contraire de plus en plus vieux, par l'unique raison qu'il fournit alors une plus grande quantité de viande.

La fraude de l'âge n'est pas la seule pratiquée du vivant de l'animal : la suralimentation, le bourrage intensif, pourrait-on dire plus vulgairement, qui donne du volume et du poids, est devenu pour ainsi dire universel. On en avait beaucoup parlé jusqu'ici, mais jamais on ne l'avait mesuré comme l'a fait l'auteur : ses tableaux de pesées de ventres ont la valeur de déterminations physiologiques.

Ce chapitre des fraudes pendant la vie nous fournit des renseignements intéressants au point de vue de l'hygiène. Nous y voyons que les animaux, malgré leur vigueur viscérale, ont de l'ectasie gastrique prolongée à la suite d'un gavage violent; nous y voyons aussi que la déformation dite *panse de côté* est le résultat d'un décubitus uniforme, ce qui vient à l'appui de ce que nous avons soutenu à propos de l'homme : c'est pendant le sommeil que se produisent les grands déplacements viscéraux (ptoses) ; le décubitus latéral y expose incomparablement plus que le décubitus dorsal ; il faut, quand on s'y livre habituellement, soutenir les viscères et adopter, à la fin de la nuit, un décubitus ayant des effets absolument opposés à celui qui a présidé au principal repos (décubitus complémentaire.) C'était l'idée de l'école de Salerne : si tu te couches sur le flanc droit, lève-toi sur le flanc gauche. Nous y trouvons enfin des notions intéressantes sur la rapidité du mouvement nutritif chez les bêtes, sur la *mue intime*, dirait Bilz, et sur l'effet de quelques substances, le soufre notamment, sur le fonctionnement de la peau.

Ayant passé successivement par les haras et par le service d'inspection des viandes de Paris (la grande école des vétérinaires sanitaires); étant depuis plusieurs années officier acheteur de la boucherie militaire de Toul, M. Raynal était bien placé pour connaître la catégorie de fraudes dont il vient d'être question. Il a compris, d'ailleurs, que pour faire œuvre pratique il fallait consulter les praticiens, et il est descendu des hauteurs où le plaçaient ses titres antérieurs et ses galons pour venir là où l'on voit bien les choses dont il parle : *ras de terre*.

M. Raynal n'est pas seulement acheteur, il est inspecteur de la boucherie militaire de Toul, et les fraudes que l'on pratique sur les animaux morts, à l'abattoir ou à l'étal, n'ont rien d'inconnu pour lui. Il insiste particulièrement sur l'enlèvement des parties lésées par la maladie, la plus grave de toutes les fraudes, notamment sur la soustraction des ganglions tuberculeux, à l'ordre du jour, peut-on dire, aussi bien dans les fournitures civiles que dans les fournitures militaires.

Pour être complet, l'auteur a résumé en quelques pages les tromperies qui se pratiquent sur les produits manipulés de la charcuterie, et bien qu'il vise surtout les fournitures militaires, on trouvera là des renseignements précieux pour les fraudes, beaucoup plus générales, qui se pratiquent dans le civil.

M. Raynal n'a pas seulement le mérite de parler des choses qu'il a vues et bien vues, comme principale sentinelle de la boucherie militaire de Toul; il n'a pas seulement le mérite de les avoir écrites dans un style simple, accessible à tous, il a encore celui d'avoir été bref. J'attache, pour ma part, une grande importance à cette condition ; car je suis tout à fait avec notre grand fablier quand il a dit :

Bornons ici notre carrière,
Les longs ouvrages me font peur.
Loin d'en épuiser la matière,
On n'en doit prendre que la fleur.

C.-Calixte PAGÈS.

AVANT-PROPOS

La critique est aisée et l'art est difficile.

Dans le cours de ce travail que nous avons vécu, nous parlerons souvent de fraudes, de fraudeurs et de quelques professions : marchands de bestiaux, bouchers et charcutiers. Loin de nous l'idée d'attaquer ou de vouloir nuire aux personnes appartenant à ces diverses corporations, dans lesquelles nous connaissons beaucoup de gens très consciencieux et parfaitement honnêtes ; nous ne visons que les quelques rares commerçants qui pratiquent leur métier en trompant et volant les acheteurs confiants en leur probité.

Nombre de personnes disent et admettent que « *le commerce, c'est le vol* », et sont remplies d'admiration et de respect pour les commerçants qui ont réalisé en peu de temps des fortunes illicites !

Comment s'étonner d'ailleurs de cet état d'esprit, commun à presque tout le monde, puisqu'il était admis naguère « que le commerce était par essence une profession dont la ruse, la dissimulation et le mensonge étaient les moyens d'action en quelque sorte *normaux* ». Même dans l'antiquité, « l'esprit populaire avait exprimé ses sentiments à cet égard dans un symbole bien connu : Mercure n'était pas seulement le dieu des marchands, il était aussi le patron des *fraudeurs*.

Aussi quelques commerçants enrichis — naïfs, inconscients et cyniques — racontent à tout venant les « trucs » qui leur ont permis d'établir rapidement leur fortune. Une détaillante nous disait tout naturellement « qu'elle gagnait 10 à 15 francs par jour par le *tact spécial* qu'elle avait acquis en jetant la pesée sur la balance » ! Un grand commerçant se procurait, pour faire une partie de ses paiements, des pièces de cinq francs démonétisées qu'il payait 3 fr. 65. Il se vantait de son triste procédé à tout le monde ; malgré cela, étant très riche, il jouissait encore d'une certaine considération.

Les vues que nous venons d'exposer nous amènent à dire que les fraudeurs manquent totalement de sens moral, et que, comme nous le prouverons, leur audace est sans bornes ; certains marchands, pour gagner souvent des sommes modiques, n'hésitent pas à compromettre la santé de leurs proches.

Le fraudeur est aussi très ingénieux ; il se tient au courant des progrès de la science et arrive trop souvent à paralyser les efforts des savants dans leurs recherches, par les soins intelligents qu'il met à préparer et combiner ses fraudes. Pour les fraudes des viandes de boucherie et de charcuterie, le fraudeur emploie toujours de la viande de qualité inférieure manquant de principes *alibiles* et provenant souvent d'animaux trop jeunes ou trop vieux, atteints de maladies aiguës ou chroniques : par conséquent viandes *insalubres* et dangereuses pour la consommation.

En 1891, un fraudeur annonçait par dépêche à un commissionnaire fournisseur de la troupe, un bœuf qu'il disait *pressé* (très malade) ; le vétérinaire militaire saisissait ce bœuf atteint du charbon bactéridien (*bacillus anthracis*).

Cet astucieux personnage savait bien que le bœuf était malade ; il n'ignorait très probablement pas qu'il avait le charbon, car le soldat qui l'avait reçu sur pied, pour le faire rentrer dans l'étable en attendant la visite, avait constaté que l'animal urinait du sang. Mais, pour l'appât de gagner quelques centaines de francs, le fraudeur n'hésitait pas à compromettre la vie de quelques soldats.

Le 20 novembre 1907, des agents de police avaient surpris des individus en train de déterrer de la viande saisie pour tuberculose (130 kilos) par le vétérinaire d'Annecy. Ils avouèrent que ce n'était pas la première fois qu'ils faisaient cette opération, mais que c'était seulement pour leur consommation personnelle ! Cependant, le juge d'instruction parvint à leur faire dire qu'ils avaient tenté de vendre cette viande.

« Les faits de ce genre, dont l'opinion publique est saisie de temps à autre, et dont elle s'émeut à bon droit, ne sont qu'un grossissement brutal d'autres faits plus obscurs, moins révoltants en apparence, mais journaliers ceux-là et, par leur répétition, tout aussi dangereux peut-être. » (E. Roux.)

Les tueries *clandestines* et *particulières* alimentent les fraudeurs ; les premières existent un peu partout, même dans les grandes villes. Là, il est des nourrisseurs peu scrupuleux qui ne peuvent se résoudre à perdre un veau ; dès les premiers signes de la maladie, ils appellent le *rabatteur*, espèce de garçon boucher qui, pour un prix très modique, achète l'animal, l'abat, l'habille sur place et le distribue ensuite aux différents fraudeurs de la ville qui en font de la saucisse, du saucisson et du pâté. Quelquefois, c'est l'équarisseur qui se charge de cette répugnante besogne.

Nos soldats, en consommant certaines viandes débitées par d'habiles fraudeurs, sont exposés à contracter : la tuberculose, la morve et le charbon, maladies très virulentes ; des affections parasitaires internes : la ladrerie du porc (*cysticercus cellulosæ*), celle du bœuf (*cysticercus bovis*) et la trichinose. Ils sont aussi exposés aux *intoxications alimentaires*, parfois mortelles, par l'absorption de *viandes fiévreuses* et en voie de putréfaction, recélant des leucomaïnes et des ptomaïnes, poisons très violents.

Toutes ces maladies constituent un groupe de maladies que Brouardel a qualifiées d'*évitables*. En effet, le vétérinaire peut les éviter au soldat, en écartant de la consommation toutes les viandes présentant des caractères morbides et nocifs. Au moment où la natalité en France baisse d'une façon désespérante, on ne saurait trop prendre de précautions pour diminuer la mortalité.

Nous croyons indispensable de dire quelques mots de la loi de 1905 sur les fraudes. A notre avis, elle est incomplète, parce qu'elle ne précise pas ce qu'est la *falsification* ; par contre, elle définit bien nettement comment doivent être poursuivis les *falsificateurs*. A ce titre elle est parfaite, car elle peut inspirer de sérieuses craintes aux fraudeurs ; il ne reste plus qu'à l'appliquer d'une façon ferme, car « en matière de répression pénale on ne respecte que ce que l'on craint ».

Pour la répression des fraudes en matière de viandes, l'action du chimiste est trop difficile et trop lente. C'est l'inspecteur vétérinaire qui jouera toujours le rôle prépondérant. Il est urgent qu'on complète la loi de 1905 par un règlement d'administration publique *relatif au contrôle des viandes.*

Pour terminer notre avant-propos, nous dirons qu'il ne faut pas se dissimuler qu'en matière d'inspection des viandes, de fraudes et d'achats de bétail, le rôle du vétérinaire est très difficile. On ne devient pas bon inspecteur, ni bon acheteur, du jour au lendemain. Certes, le vétérinaire (civil ou militaire) est bien préparé par ses études antérieures à faire des progrès rapides dans cette voie de l'hygiène ; mais, pour acquérir cette compétence qui donne à l'inspecteur tant d'assurance dans l'exercice de ses fonctions, le vétérinaire doit redoubler d'efforts, s'éclairer et fréquenter les confrères civils ou militaires qui ont acquis par leur expérience et leur labeur une notoriété incontestée. La spécialisation, qui a donné des résultats si féconds en médecine humaine, notre sœur aînée, s'impose en vétérinaire dans des conditions beaucoup plus modestes, il est vrai !

Nous sommes heureux de remercier ici les quelques inspecteurs de la Villette qui nous ont aidé de leurs conseils et plus particulièrement M. le docteur Pagès, vétérinaire délégué, dont la compétence en matière d'hygiène et d'inspection est hors de pair.

Pour rendre notre travail plus clair, nous le diviserons en trois parties bien distinctes :

1° Fraudes sur le bétail vivant ;

2° Fraudes sur la viande ;

3° Fraudes sur les produits manipulés de la charcuterie.

I

Fraudes ou tromperies qui se pratiquent sur le bétail vivant.

Cette première partie du travail comprend :

A) Les fraudes qui se pratiquent sur le bétail *avant* son arrivée sur le lieu de vente ;

B) Les fraudes ou tromperies qui se pratiquent *dès* l'arrivée du bétail sur le lieu de vente.

A) Fraudes qui se pratiquent sur le bétail avant son arrivée sur le lieu de vente.

Avant de conduire le bétail au marché ou à la foire, *on le prépare pour la vente* dans le but :

1° De le faire paraître plus gros et conséquemment plus lourd ;

2° De le *rajeunir*.

1° Que la vente se fasse, suivant les usages locaux, *au poids vif*, *au poids mort* ou *au juger*, le vendeur sait par expérience que son plus grand intérêt est de bien présenter le bétail. Un bœuf qui est exposé sur le marché en état de fatigue, le poil plus ou moins piqué, les flancs creux et le ventre retroussé « *marque mal* » et éloigne l'acheteur.

Un autre bœuf, qui au contraire aura le poil luisant et le ventre plein à un degré qui ne permette pas d'explorer l'*aloyau*, maniement indispensable à *toucher*, comme nous le montrons plus loin, attirera des amateurs.

Le marchand connaît les faiblesses de l'acheteur ; il escompte d'avance son ignorance, sa naïveté, et nous devons ajouter sa timidité. En résumé, le vendeur sait fort bien qu'il y a beaucoup d'*amateurs* et peu de *connaisseurs*.

Pour donner à leur bétail cette *obésité* passagère, dans le but de tromper l'acheteur sur la valeur intrinsèque des animaux mis en vente, les fraudeurs soumettent leur bétail à un régime de *suralimentation* pendant les trois ou quatre derniers jours qui précèdent la transaction. Ils mettent à profit l'extrême gourmandise qu'ont les bovidés pour le chlorure de sodium et leur donnent ce condiment à profusion pour les exciter à manger le plus possible. Bunge explique cette gourmandise : « Les sels de potassium ingérés provoquent l'élimination d'une certaine quantité de sodium. Comme, dans l'alimentation végétale, il y a beaucoup de sels de potassium et très peu de sels de sodium, les premiers amèneraient la disparition complète des seconds dans un organisme qui ne réparerait pas ses pertes par l'ingestion de sel en nature. Aussi l'appétence pour le sel se manifeste-t-elle chez les animaux herbivores tandis que les carnivores en ont plutôt le dégoût. » (Linossier, *Hygiène générale de la digestion.*)

Dans certains pays, en Lorraine, pour bourrer le bétail on lui donne des repas composés de pommes de terre bouillies mélangées avec des lamelles de betteraves, de la menue paille, du son et beaucoup de sel de cuisine. Ce mélange constitue ce que les fraudeurs lorrains appellent « *la légume* ».

Dans les Vosges on donne, quelques heures avant la foire ou le marché, du blé concassé à peine humecté et très fortement salé, et on laisse boire l'animal à sa soif avant son arrivée sur le lieu de la vente. Les animaux absorbent de telles doses de sel que la plupart en ont du *ptyalisme*. Deux fois sur des vaches âgées, de races communes, nous avons constaté l' « aptyalisme », dont nous avons eu assez rapidement raison à l'aide d'injections massives de sérum Hayem.

En Limousin et dans les Charentes, on donne du seigle cuit. Cette céréale a le gros avantage de faire apparaître la graisse externe précocement ; en outre, le poil devient très brillant. Les animaux qui ont été soumis à ce régime, malgré l'aspect séduisant et sous des apparences d'engraissement assez avancé, *tombent légers*, leur rendement n'est pas très élevé. Le seigle (ration intensive) échauffe, congestionne le bétail ; les animaux qui en ont consommé pendant un certain temps dépérissent rapidement. Aussi les vendeurs tâchent de s'en défaire le plus vite possible.

Parmi les aliments engraissants, il faut citer encore les pulpes de betterave et autres résidus de sucrerie dont on use si largement dans les grandes fermes du Nord, et qui donnent une viande molle, hydrémique pourrait-on dire, d'un goût si particulier (noisette moisie). Malgré leur origine (nivernais, charolais, etc.), les bœufs *sucriers* se vendent 15 à 20 centimes la livre moins cher que les autres bœufs d'étable.

Le soufre, administré au moment des repas mélangé aux grains, a aussi la propriété de mettre la graisse dehors ». Comme il s'élimine par la peau, « ce diaphorétique donne au poil un lustre incomparable » (Pagès). Dans le Midi et plus particulièrement dans l'Albigeois, tous les engraisseurs en donnent.

D'autres fraudeurs moins aisés, et commerçant sur des bêtes de qualité inférieure, de peu de valeur, leur font avaler, coup sur coup, deux ou trois litres d'eau fortement salée et, quelques instants après, laissent boire l'animal à sa soif, généralement à la fontaine qui se trouve aux abords du marché.

Au moyen de ces trucs, les animaux arrivent sur le marché avec des ventres démesurément développés, à tel point que l'acheteur ne peut pas explorer le *travers ou aloyau*, maniement qui annonce la quantité de viande et sa densité. Le bœuf qui a du travers (« *se tue lourd* »). Or, à notre avis, quel que soit le mode de vente pratiqué, il est très important de pouvoir apprécier ce maniement qui exprime aussi le *taux du rendement.*

Examinons maintenant brièvement l'influence *de la suralimentation comme préparation à la vente* sur les divers modes d'achat, et plus particulièrement sur celui au poids vif.

Achats au poids vif. — Généralement on considère ce mode de vente comme *très facile* à pratiquer parce qu'on dispose d'un pont-bascule. C'est une erreur qui coûte souvent cher à l'acheteur, comme nous allons le démontrer.

Le cours au poids vif s'exprime par 100 kilos. On dit par exemple : « Je veux vendre mon bœuf à 84 francs le cent. » Une fois que le prix est convenu, on pèse l'animal et on multiplie le nombre de kilogrammes par le prix du cours convenu. Mais pour déterminer le prix du cours, il faut se baser sur la *qualité* des animaux et surtout sur leur *rendement* ; or, pour apprécier le rendement, l'acheteur doit tenir compte de l'influence de :

a) La *race :* ainsi la race nivernaise, à qualité égale, rend plus que la race salers et que la race normande ;

b) L'*âge :* les animaux de 4 à 8 ans ont plus de valeur et rendent davantage que ceux trop jeunes ou plus vieux ;

c) La *conformation :* il existe des animaux qui ne sont pas conformés d'une façon régulière : l'arrière-main n'est pas aussi développée que l'avant-main et *vice versa ;*

d) Le *sexe :* le taureau rend plus que le bœuf et le bœuf plus que la vache ;

e) L'*état d'engraissement :* pour juger sainement de l'état d'engraissement, il faut savoir *explorer les maniements* qui l'indiquent ;

f) Enfin, il faut pouvoir *estimer le poids du ventre* d'un bœuf ou d'une vache (1) en le palpant ; car plus le ventre est plein, moins l'animal rend de viande. C'est pourquoi généralement les ventes au poids vif se font l'animal étant *à jeun*, ce qui veut dire vide, ou bien les parties se mettent d'accord pour faire une *déduction du plein* qui varie de 3 à 20 p. 100, selon l'état de réplétion des estomacs. Déterminer la déduction à faire pour le *plein*, c'est, à notre avis, le point le plus difficile des achats ; car, ici, la préparation à la vente joue un très grand rôle. Le tableau ci-dessous va confirmer nos dires (2).

---

(1) Savoir reconnaître l'état de gestation et déterminer à quelle époque il remonte, selon le degré de développement du ventre.

(2) Ce tableau prouve d'une façon péremptoire qu'en ce qui concerne

Poids du ventre de différentes bêtes, après vingt-quatre heures de jeûne.

NUMÉRO d'ordre du registre.	POIDS VIF.	POIDS MORT.	POIDS du VENTRE.	RENDEMENT.	OBSERVATIONS.
	kilos.	livres.	kilos.		
136	380	408	79	54 0/0	Vache jeune, 4 ans. Race hollandaise. Se touchait bien. Ventre levretté.
129	380	342	120	45 0/0	Vache, 9 ans. Vendéenne. Ventre très volumineux malgré un long voyage. Se touchait bien.
143	530	484	175	45 0/0	Vache, 10 ans. Très gros ventre et pleine (2 veaux). Le poids de 175 kilos comprend le poids des deux veaux.
379	510	510	140	49 0/0	Vache, 8 ans. Suisse. Gros ventre. Très bons maniements.
»	500	590	65	59 0/0	Petit bœuf, 6 ans. Vendéen. Petit ventre. Se touchait très bien.
»	500	528	80	53 0/0	Petit bœuf, 6 ans. Vendéen. Ventre volumineux malgré le long voyage. Se touchait très bien.

Nous pourrions multiplier ces exemples, le lieutenant X... ayant fait sous notre contrôle un très grand nombre de pesées. Nous croyons la démonstration suffisante ; ce tableau prouve que l'acheteur doit bien connaître tous les points que nous avons développés pour déjouer la fraude de la suralimentation, et que, pour pratiquer ce système d'achats avec fruit, il faut posséder des connaissances techniques et avoir de l'expérience (1).

En effet, un professionnel aurait acheté la vache n° 136 en demandant, *pour le plein*, une déduction très minime : 2 p. 100 par exemple ; il aurait demandé une diminution de 15 à 20 p. 100 pour la vache n° 129.

Chez certains animaux, la suralimentation est poussée si loin

---

la qualité et le rendement des animaux de boucherie, la responsabilité des officiers acheteurs peut être *engagée à tort*.

(1) Malgré l'expérience et la compétence, on peut se tromper sur le taux du rendement.

que les estomacs sont parésiés et ne se vident que cinq ou six jours après la cessation du régime de suralimentation. C'est ce qui explique pourquoi des animaux qui ont fait de longs voyages ont des ventres presque pleins après trois ou quatre jours de repos et vingt-quatre heures de jeûne.

L'officier acheteur qui, en manœuvres, pratique ce genre d'achat n'a qu'un moyen de *déjouer la fraude*. Il dira au vendeur : « Je vous achète ce bœuf de *1re qualité* au poids vif, après un jeûne de douze à dix-huit heures, au prix du cours (85 francs les 100 kilos par exemple), mais à condition que vous me garantissiez un rendement de 58 p. 100. Si le bœuf ne rend que 56 p. 100, vous me ferez une déduction de 5 francs pour 100 kilos. »

Pour les bœufs de *2e qualité*, il faudra exiger un rendement de 56 p. 100 et 53 p. 100 pour ceux de la *3e qualité*.

Le prix des 100 kilos de poids vif étant subordonné au rendement, le vendeur ne fraudera pas, car il suralimenterait l'animal en pure perte.

En tout cas, il y a *fraude répréhensible* si, après l'abatage, on trouve dans les estomacs des grains et autres denrées, lorsqu'il avait été convenu que l'animal devait être abattu après un jeûne de douze à dix-huit heures, par conséquent les estomacs à peu près vides.

Pour faciliter les transactions, l'officier acheteur doit savoir se plier aux usages du pays dans lequel il se ravitaille. Ici, on ne vendra qu'au poids vif; ailleurs, on ne vendra qu'au prix du kilo de viande nette. Il pourra très facilement sortir d'embarras si ses connaissances lui permettent de *présumer le taux* du rendement. Ainsi, pour connaître le prix du kilo de viande nette, il divisera le prix de 100 kilos de poids vif par le chiffre du taux du rendement pour 100.

Prix du kilo de viande nette =

$$\frac{\text{Prix de 100 kil. vif : 85 fr.}}{\text{Taux du rendement : 58 \%}} = 1 \text{ fr. } 465.$$

Pour connaître le prix du kilo au poids vif, il divisera par 100 le prix du kilo net multiplié par le chiffre de rendement.

Prix du kilo au poids vif =

$$\frac{\text{Prix du kilo net : 1 fr. 50} \times \text{rendement : 55}}{100}$$

Si l'officier possède toutes les connaissances que nous venons de développer, il pourra traverser toute la France, acheter avec profit, en se moquant du *fraudeur.*

Pour les ventes au poids mort et *au juger*, l'acheteur ne peut pas bien se rendre compte de l'état d'engraissement et du rendement, quand les animaux qu'il veut acheter sont totalement ballonnés par l'effet de la préparation ou suralimentation. Pour asseoir son jugement il est obligé d'attendre que les animaux soient maniables, c'est-à-dire aient évacué une grande partie des aliments qui distendent les réservoirs gastriques.

2° *Rajeunissement du bétail.* — Certains marchands ont un grand intérêt *à rajeunir* les bœufs ou vaches qu'ils mettent en vente. Les animaux âgés de 4 à 8 ans sont très recherchés pour la consommation. C'est l'âge auquel ils donnent le meilleur rendement, leur chair est plus nutritive, plus digestive et conséquemment plus assimilable que lorsque les animaux sont plus jeunes ou plus vieux (sauf les génisses de certaines races très précocès).

Plus jeunes, la viande n'est pas faite; plus vieux, la fibre musculaire a perdu de sa finesse, a moins de saveur et est moins tendre; en outre, en vieillissant, les animaux ont la peau plus épaisse, donnent plus de suif et leur tissu osseux devient plus dense.

Entre un bœuf âgé de 4 à 6 ans et un autre bœuf de 8 à 10 ans, en même état d'engraissement, il y a une différence de 5 à 15 centimes par livre en faveur du premier. On comprend, dans ces conditions, que le marchand s'attache à *frauder* en cherchant à *rajeunir* la bête pour en obtenir un prix supérieur.

Toutes les personnes qui s'occupent de l'achat ou de la vente du bétail savent reconnaître l'âge par l'examen des cornes. Il est indiqué par le nombre de *sillons* ou *anneaux* assez nettement marqués sur les cornes. On compte trois ans pour le premier sillon, de la pointe de la corne vers la base, et un an pour chaque sillon qui suit. Exemple : une vache ayant *six* sillons a 8 ans.

Pour rajeunir une bête, les *marchands*, *maquignons* et *rabatteurs*, font disparaître tous les sillons ou seulement plusieurs ; l'opération se fait au moyen d'une râpe fine (il existe plusieurs usines pour fabriquer ces râpes ; il y en a une importante à Nogent (Haute-Marne); puis, pour effacer les dernières aspérités du sillon, ils emploient soit du papier de verre fin, soit la lame d'un couteau.

Ils donnent à la corne le *luisant* que la râpe a fait disparaître, en badigeonnant la partie râpée avec de l'oléo-résine ou tout autre vernis plus ou moins fantaisiste ; le vernis le plus *original*, que nous avons maintes fois vu employer, est le *cerumen* recueilli dans les oreilles du patient. Ce produit, qui contient de la stéarine et de l'oléine et dont la couleur est jaunâtre, remplit bien le but désiré. On est obligé de convenir une fois de plus que la nature fait bien les choses !

Certains rabatteurs, pour rajeunir la bête de deux ou trois ans, se servent tout simplement d'une corde qu'ils choisissent usagée (elle est ainsi plus large) et font deux tours serrés à la base de chaque corne; ils arrivent par ce moyen à cacher deux anneaux.

Dans les deux cas, la fraude est facile à discerner, surtout si l'acheteur peut contrôler l'âge des cornes par l'examen des incisives.

B) **Fraudes et tromperies qui se pratiquent dès l'arrivée du bétail sur le lieu de vente.**

Soins à donner au bétail débarqué à la suite d'un long et pénible voyage.

En arrivant sur le marché, avant que la vente commence, les animaux sont l'objet de soins particuliers.

Quand ils sont débarqués, après un voyage de quarante-huit

à soixante-douze heures, ils sont tout meurtris et engourdis; ceux qui ont le plus souffert des privations de boisson et de nourriture ont le *poil piqué*, le ventre rétracté et la corde du flanc très saillante.

Le poil piqué est souvent l'indice de la fatigue et de la maladie. Il est admis en général qu'un animal fatigué *tombe saigneux;* or les bouchers qui vont sur les grands marchés ont besoin de bétail destiné à être abattu le jour même de l'achat ou le lendemain. Ils recherchent donc les animaux qui ont toutes les apparences d'animaux reposés, pour éviter d'avoir la viande *saigneuse.*

Les marchands, pour donner meilleure apparence au bétail, rendre le poil luisant et faire descendre le ventre, pratiquent la fraude suivante : ils font boire les animaux à profusion; puis, après, ils les obligent à courir à toute vitesse. Il se produit une sorte de transpiration très fine, qui rend les poils moins rudes et leur enlève l'aspect piqué qu'ils avaient avant la course. Si l'acheteur se laisse prendre à cette ruse, il achète un bœuf ou une vache qui « *se tue rouge* ». Les animaux ainsi traités sont très souvent gravement malades en cours de route (congestions).

Quand ils ont pratiqué cette fraude, les vendeurs disent que le bœuf *est réchauffé.*

Toilette du dos. — Dans le but de rendre le dos plus large, ils coupent les poils le long de l'échine depuis la base de la queue jusqu'à la base de l'encolure. La face supérieure du corps paraît ainsi plus large et l'acheteur a de la tendance à juger l'animal plus lourd qu'il n'est en réalité.

Attache du bétail la tête très basse. — Pour avantager le bétail mis en vente et lui donner une apparence supérieure à celle qu'il représente en réalité, les bêtes sont attachées, autant que possible, sur un plan montant et la tête très basse. Cette position fait descendre le poitrail, qui est ainsi plus ferme au toucher, et élargit le dos.

Manière de disposer les animaux par lots.

En général, les lots sont composés de 10 à 15 bêtes, de quoi faire un petit wagon dans le premier cas, un fort wagon dans le deuxième. C'est toujours le même garçon qui fait les lots ; il y a une façon spéciale d'opérer que ne peuvent jamais acquérir certains employés.

Le garçon chargé de cette besogne observe toujours les mêmes règles :

1° Attacher les animaux très court et la tête basse ;

2° Les serrer le plus possible, de façon à empêcher l'acheteur d'y pénétrer, de rendre les estimations difficiles et d'y cacher les animaux porteurs de tares qui diminueraient le prix du bétail si elles étaient vues ou connues. Son habileté consiste à assembler des bêtes de qualité et de prix très différents. Dans un lot savamment arrangé, il y a entre la première bête et la dernière un écart de 100 kilos (poids vif), sans que cela choque certains acheteurs, tant la progression a été bien calculée.

Grâce à cette ruse, la plupart des animaux qui constituent le lot atteignent un prix beaucoup plus élevé que celui qu'ils auraient obtenu s'ils avaient été présentés individuellement.

Le garçon cache dans le lot :

1° Des bêtes atteintes d'*actinomycose* (*actinomyces bovis*). Ce sont généralement des jeunes bêtes de 3 ou 4 ans qui ont une tumeur (*chique*) au maxillaire inférieur. Les paysans disent que l'animal *chique*. Les propriétaires renoncent à élever les animaux atteints de la chique, car cette affection arrête leur développement, et ils s'en défont à vil prix. Ces animaux, qui ont toujours souffert, *se tuent mal*, ne sont *pas lourds*, et leur viande est toujours rouge, rappelant un peu celle du taureau maigre. Quand la bête est présentée seule à la vente, le vendeur tient la vache très près de lui et se place devant la chique, de façon à la cacher à l'acheteur.

La viande des animaux porteurs de tumeurs d'actinomycose est toujours de troisième qualité ;

2° Des bœufs ou vaches porteurs de *loupes* (hygromas) à la face antérieure de chaque genou. Ces tumeurs molles sont généralement très développées et gênent considérablement le bétail dans sa marche. Les animaux porteurs de loupes subissent une dépréciation qui peut être évaluée de 20 à 60 francs par tête, selon la taille des sujets (ils ne sont plus aptes au travail) ;

3° Des animaux ayant la *panse de côté* ou le *ventre de travers* (*ptose du ventre*) ; les estomacs sont renversés du côté gauche. Ce défaut, qui gêne l'animal dans la marche, est dû à la façon dont se couchent les animaux, toujours du même côté. La dépréciation pour cette tare est assez élevée, surtout chez les vaches.

Quelquefois nous constatons une tuméfaction abdominale très accentuée, mais sans déviation. Les nombreuses autopsies que nous avons pratiquées nous ont démontré que cette tuméfaction « archéoplasme » était due à des accumulations de matières fécales très serrées desséchées, mêlées à des corps étrangers ;

4° Des bœufs ou vaches atteints d'hématurie. Presque tout le bétail provenant de la Creuse, et surtout de l'arrondissement d'Aubusson, est atteint de cette affection. Ces animaux sont comme *bouffis* ; ils tombent mal ; sans être malsaine, la viande est moins alibile ; elle est pâle ainsi que la graisse. L'acheteur doit toujours regarder les poils qui entourent les organes génitaux urinaires ; ils sont agglutinés par du sang quand la vache est atteinte d'hématurie. Souvent même, il peut découvrir la fraude en examinant l'urine qui se trouve derrière la vache ; elle contient alors des caillots de sang.

La viande provenant de ces animaux est toujours de troisième qualité ;

4° *bis*. Se méfier aussi des vaches laitières qui ont du lait en assez grande quantité au moment de la vente ; elles sont très trompeuses au point de vue du rendement, et se tuent toujours très légères : on les appelle *vaches de fruit* ;

5° Des vaches ou bœufs *aveugles.* La cécité chez les animaux qui doivent voyager présente de graves inconvénients. Ils peuvent se perdre en cours de route, tomber dans des fossés ou des cours d'eau ;

6° Des vaches *taurelières*, au poil très luisant, qui se *touchent* assez bien, mais qui tombent mal comme poids et comme couleur. Leur viande a l'aspct de celle du taureau, sauf que les aponévroses n'ont pas l'éclat brillant de celles de cet animal. La viande devient noire au contact de l'air, légèrement saumonée si la bête est jeune, et rappelle alors d'assez près la viande fiévreuse ; elle manque de fermeté (3e qualité ; est très peu estimée) ;

7° Des animaux boitant très bas, qu'il faut faire conduire à la gare en voiture (animaux qui vont *mal à pied*) et dont les frais augmentent le prix de revient.

En résumé, l'acheteur doit être très observateur pour découvrir ces fraudes. Il doit examiner les animaux en passant devant et derrière le lot, et faire sortir au besoin un ou plusieurs animaux pour mieux les détailler et pouvoir aussi mieux approcher les autres.

Une fois qu'il aura découvert tous les défauts qu'on voulait lui cacher, il sera très fort pour discuter le prix avec le vendeur, et obtenir les diminutions qui s'imposent. Nous donnons ci-dessous deux tableaux qui permettent au lecteur de se rendre compte des ruses du vendeur et de leur talent pour arranger les lots.

Lot de vaches « Mancelles anglaisées » achetées sur un très grand marché 47 pistoles (470 fr.) pièce.

NUMÉROS.	POIDS VIF (kilos).	POIDS MORT en livres.	OBSERVATIONS.
1	620	702	très grasse — 4 ans — 1re qualité.
2	620	668	grasse — 4 ans — 2e qualité.
3	590	656	très grasse — *loupe* aux genoux. 5 ans — 1re qualité.
4	580	642	grasse — 8 ans — ***aveugle.***
5	550	624	grasse — 8 ans — ***boiteuse.*** luxation de la cuisse.
6	600	620	grasse — 4 ans — 2e qualité.
7	570	608	grasse — 6 ans — 2e qualité.
8	540	574	grasse — 6 ans — 2e qualité.
9	530	570	grasse — 4 ans — ***loupe*** très volumineuse à gauche.
10	520	568	grasse — 8 ans — 2e qualité.
11	550	562	grasse — 4 ans — 2e qualité.
12	500	546	grasse — 6 ans — 2e qualité.
13	500	538	grasse — 5 ans — 2e qualité.
14	510	514	grasse — 4 ans — 2e qualité.
15	480	518	grasse — 4 ans — 2e qualité.

Ce qui frappe dans ce tableau, c'est le poids mort de la première vache (702 livres de viande) et celui de la dernière (518, presque 200 livres de différence). Il faut remarquer comme la décroissance des poids est bien calculée. Ces vaches estimées 580 livres ont produit 594 livres et rendu 53 p. 100. Le vendeur avait demandé 520 francs pièce. Si l'acheteur n'avait pu faire une bonne estimation malgré la différence de poids entre les six premières et les huit dernières, et surtout s'il n'avait pas signalé les tares de plusieurs vaches, il n'aurait jamais pu obtenir ce bétail au prix de 470 francs, car elles étaient parfaites comme bêtes de boucherie.

Lot de bœufs « Manceaux anglaisés » âgés de 4 a 7 ans 750 fr. Rendement, 59 p. 100.

NUMÉROS.	POIDS VIF (kilos).	POIDS MORT en livres.	OBSERVATIONS.
1	850	1.034	Les bœufs étaient tous de 1re qualité. Le lot était très bien arrangé, car malgré le petit nombre de bœufs présentés, il était difficile de voir qu'il y avait une différence de presque 300 livres entre le premier et le dernier bœuf.
2	790	948	
3	770	914	
4	750	902	
5	750	874	
6	740	856	
7	650	762	

Bétail d'étable vendu pour du bétail d'herbe.

Les premiers bœufs d'*herbe* sont très recherchés, parce que beaucoup de consommateurs trouvent à cette viande un goût plus agréable. Incontestablement, elle est supérieure à celle des bœufs engraissés à l'étable, surtout quand ces bœufs consomment des résidus de brasserie, de sucrerie ou des tourteaux. La fraude est facile à reconnaître : les bœufs d'herbe ont le poil rude, et sont couverts de déjections ; les bœufs d'étable ont le poil laineux et doux et ont la peau crottée ou très propre, selon les soins dont ils sont l'objet.

Depuis quelques années, les bœufs d'herbe perdent de leur réputation, tandis que les bœufs d'étable remontent dans le goût du consommateur ; cela uniquement parce que les premiers sont abattus trop jeunes. En effet, sur le marché de la Villette comme sur toutes les grandes foires, on voit beaucoup de normands et nivernais, etc., etc., d'herbe qui ont deux et trois dents de lait, alors qu'il faut au moins cinq ans pour faire un bon bœuf de pâturage. Les bœufs de stabulation, limousins, auvergnats (salers), au contraire, sont bons à trois ans. Aussi Paris est mieux approvisionné l'hiver que l'été en viande bovine.

Cette tendance qu'ont les éleveurs de vendre des animaux trop jeunes (avec dents de lait) peut être préjudiciable au développement de notre race ; car la viande de tels animaux n'est pas suffisamment nourrissante.

Pour mettre des bœufs en pâture, il faut les choisir avec du *sac* (beaucoup de ventre). Quand on doit acheter du bétail dans les prés, il faut toujours le voir, pour mieux l'estimer, dès le lever du soleil. Plus tard, surtout dans l'après-midi, les animaux sont trop ballonnés et très difficiles à évaluer ; ils paraissent plus grands et plus lourds qu'ils sont en réalité.

II

Fraudes pratiquées sur la viande.

Dans cette deuxième partie de notre travail nous prendrons l'animal au moment où il est livré au boucher pour être abattu, et nous examinerons successivement toutes les fraudes qu'on pratique sur l'animal entier et sur la viande en provenant, jusqu'au moment où elle est débitée en morceaux pour le consommateur.

Ecoffrement ou écoffrage.

Lors de l'abatage, on pratique une fraude dont l'importance est grande et qui, jusqu'ici, n'a été mentionnée que par Pagès (*Hygiène*, p. 219). Les bouchers la désignent sous le nom d'*écoffrement* ou *écoffrage* (ouvrir le coffre, c'est-à-dire la poitrine).

Il arrive très souvent qu'on donne au boucher, pour les abattre, des animaux atteints d'indigestion, et d'autres trop fatigués. Pressés par le besoin de viande, au lieu de soigner les premiers et de laisser reposer les derniers avant de les sacrifier, les bouchers, au contraire, craignant les complications, s'en débarrassent le plus vite possible. Ils savent par expérience que la viande de tels animaux *tombe saigneuse*, *tombe rouge* et que conséquemment elle a moins belle apparence, manque de coup d'œil, est moins marchande et a une tendance à s'altérer plus rapidement. Pour atténuer dans une large mesure ces graves inconvénients, les bouchers font la saignée à l'intérieur du thorax, sur l'aorte. « Le tueur ouvre le plus souvent l'axillaire gauche et la dorso-vertébrale droite ou seulement les deux dorso-vertébrales. » (Pagès, *Hygiène*.) En pratiquant cette saignée, leur but est d'obtenir une émission de sang beaucoup plus complète que celle qu'on obtient par la saignée à l'air libre. La viande est *saigneuse* toutes les fois que pour un motif quelconque le système veineux se vide incomplètement, à cause de la stase veineuse (la stase se produit lorsque les animaux sont abattus en état de fatigue ou atteints d'indigestion).

Quand l'animal est dépouillé, la stase du sang se traduit par des arborisations nombreuses qui sillonnent en tous sens presque tout le corps, mais plus particulièrement les régions de choix : dos, lombes, aloyaux, et partie supérieure de la cuisse, régions qui prennent une teinte d'autant plus violacée que l'animal était plus fatigué ou plus gravement malade.

La pratique démontre que cette saignée atténue considérament les désordres produits par la stase veineuse. Mais voici le revers de la médaille : cette opération présente un grave écueil. Le sang, en pénétrant dans la poitrine, souille les plèvres et leur donne une coloration rouge qui est *indélébile*. C'est le cas de dire ici que le fraudeur est pris dans ses propres filets. En effet, la plèvre étant rouge, l'animal sera suspect. Poursuivant le cercle vicieux dans lequel il s'est engagé, il *ramone* l'animal (enlève la plèvre costale). Or, tout quartier de viande présenté sans plèvres est suspect, et cette suspicion entraîne la consigne de la viande, et la saisie ensuite, quand l'inspecteur a découvert la cause du *ramonage*. Aussi cette saignée se pratique surtout dans les tueries particulières qui ne sont pas inspectées d'une façon permanente. En règle générale, lorsqu'un animal abattu présente des arborisations sur les principales régions du corps, on peut admettre sûrement qu'il était fatigué, surmené ou atteint d'indigestion plus ou moins grave (état de fièvre, stase sanguine). Ces maladies sont provoquées par les voyages longs et pénibles, les privations d'eau et de nourriture, les mauvais traitements, la chaleur intense, le froid, l'absorption d'une trop grande quantité d'eau immédiatement après le débarquement, causes qui déterminent la souffrance.

Gravité de la fraude. Inconvénients qu'elle peut avoir pour le consommateur.

Si les animaux écoffrés ne sont que fatigués, ou atteints

d'indigestion légère, la viande n'est pas dangereuse pour l'alimentation, surtout si elle est consommée à bref délai ; mais si la fatigue est poussée jusqu'au *surmenage*, la viande contient des *leucomaïnes*, poisons violents qui se développent du vivant de l'animal et qui résistent à une température de plus de 115°. En outre, la viande de tels animaux se putréfie très vite, et nous verrons plus loin les dangers qu'il y a à consommer des viandes putréfiées.

Quand les animaux sont atteints d'indigestions graves, les viandes présentent le caractère de celles provenant de bêtes fiévreuses et déterminent des intoxications alimentaires très graves.

Moyen de déjouer la fraude. — Partout où le service d'inspection est organisé, l'inspecteur n'a qu'à empêcher d'abattre les animaux qui sont *visiblement fatigués* (poil piqué) et ceux atteints d'indigestion, même au début.

Pour terminer ce chapitre, nous dirons qu'il y a toujours un léger état de fièvre pendant la digestion. C'est pour éviter la stase veineuse « qui accompagne la digestion, pour permettre au sang de se purifier par la mise en réserve ou la destruction des principes absorbés » que nous imposons à nos animaux un jeûne de vingt-quatre heures avant l'abatage.

Ce mode de pratiquer la saignée pourrait être — après entente avec l'inspecteur — recommandé en été, s'il n'avait pas l'inconvénient de salir les plèvres. On obtiendrait, en le pratiquant, de la viande plus exsangue, qui se conserverait mieux et plus longtemps.

Soufflage des viandes.

Le *soufflage* des viandes est une fraude, parce que cette opération se pratique en général sur les bêtes de qualité inférieure, dans le but de leur donner une apparence plus belle et tromper ainsi l'acheteur sur la qualité. En effet, on souffle surtout les vaches dites *troupières*, encore appelées *pampines*, *crines*, *cri-*

ques. Disons en passant que les vaches troupières ne sont pas toujours « fatalement » consommées par le soldat.

Le soufflage a un grave inconvénient, qui rend la fraude dangereuse pour le consommateur : il favorise la putréfaction des viandes en introduisant dans les tissus cellulaires et musculaires des agents microbiens en suspension dans l'air.

On pratique deux sortes de soufflage :

1° *Le soufflage général*, qu'on fait entre cuir et chair au moyen d'un grand soufflet spécial, après avoir décollé la peau en certains points au moyen d'une tige de fer appelée *broche*.

Le soufflage général a une influence marquée sur la couleur de la viande de veau qui devient plus blanche par expression du sérum, mais la viande a moins de goût.

2° Le soufflage dénommé *musique* ou *brochage*. C'est le soufflage *intermusculaire*. Il se fait au moyen d'un tube spécial, en tôle, appelé *bouffoir* ou *musique* ; la figure ci-contre représente un bouffoir du plus petit modèle, grandeur réduite de moitié.

Le soufflage « à la musique » est surtout usité pour donner plus de relief aux régions mal conformées. Ainsi, par exemple, il y a des bœufs de travail âgés de 6 à 8 ans qui, malgré un état d'engraissement presque parfait, présentent des défectuosités dans certaines régions insuffisamment développées par rapport à l'ensemble. C'est pour leur donner l'apparence qui leur manque qu'on pratique le soufflage, la musique.

Les régions sur lesquelles le fraudeur opère sont toutes celles donnant de la viande de choix : aloyaux, trains de côtes et cuisses. Ce genre de soufflage est encore plus dangereux que le précédent, car l'air est introduit dans les tissus au moyen du *bouffoir*, dans lequel souffle à perdre haleine un vigoureux garçon boucher.

L'air qui pénètre ainsi dans ces masses musculaires peut être infecté par des agents pathogènes (microbes de la tuberculose et de la syphilis), si le souffleur est atteint de ces affections. Cette opération, en outre, est très sale; car la plupart des garçons bouchers qui la pratiquent fument, prisent ou chiquent.

La fraude est facile à reconnaître : en pressant sur les régions qui l'ont subie, il se produit un affaissement des tissus.

En présence des cas de contamination qui peuvent se produire, et des altérations rapides auxquelles sont sujettes les viandes ainsi traitées, ces deux opérations doivent être rigoureusement interdites dans tous les cas.

Ramonage.

On appelle *ramonage* l'opération qui consiste à enlever les plèvres et le péritoine. Cette opération se fait généralement pendant l'*habillage*, l'animal étant encore sur les *pentes*.

Ces membranes sont enlevées :

a) Chaque fois que le fraudeur veut faire disparaître des traces de tuberculose localisée ou généralisée;

b) S'il y a pleurésie et péritonite aiguës ou chroniques, avec des abcès purulents.

Parmi les très nombreuses autopsies que nous avons faites sur des animaux en bon état d'engraissement, ayant toutes les apparences de la santé, quelques-uns présentaient des lésions de pleurésie et péritonite chroniques anciennes, circonscrites, mais généralement avec des abcès purulents qui nécessitaient des saisies partielles, dont le poids variait de 10 à 100 kilos de viande impropre à la consommation. Le fraudeur, toujours habile, sait parer cette viande, de façon à ne jeter qu'un kilo au lieu de 10, et 10 au lieu de 100, parce qu'il ne craint pas de débiter de la viande plus ou moins remplie d'infiltrations qui la rendent répugnante. La tuberculose a tant de modalités dans ses manifestations qu'il arrive souvent qu'elle se localise uniquement sur le mésentère et sur l'épiploon. Le fraudeur sait faire disparaître les parties atteintes avant l'arrivée de l'inspecteur. Pour découvrir cette fraude, celui-ci doit examiner toutes les membranes en les prenant dans ses mains, pour constater s'il n'y a pas de découpures dissimulées.

Le fraudeur enlève encore les plèvres et le péritoine dans les cas qui suivent :

c) Quand l'animal a été écoffré, et quand les membranes sont couvertes de kystes ou de tumeurs cancéreuses ;

d) Lorsque la viande est fiévreuse. Les plèvres et le péritoine sont livides, violacés par place ; leur couleur est souvent gris plombé, ils sont imbibés d'un liquide citrin, rosé ou noir, et quelquefois recouverts de fausses membranes gluantes au toucher ;

e) Dans l'asphyxie, ils sont ternes, sales et ecchymosés ;

f) Même aspect pour les viandes provenant de bêtes météorisées, sauf que, dans ce cas, les ecchymoses dominent surtout sur le péritoine;

g) Dans les viandes charbonneuses, les séreuses sont injectées, livides; on y remarque des suffusions sanguines;

h) Dans les affections septicémiques, la plèvre et le péritoine ont une coloration noire plombée et sont gluants;

i) Dans les affections cachectiques et hydrohémiques, il se produit toujours un épanchement sur les séreuses;

j) Enfin les séreuses des animaux saignés *post mortem* ont toujours une teinte blafarde, blanc terne, et sont sales.

En un mot, pour nous résumer, le fraudeur enlève la plèvre et le péritoine toutes les fois que ces membranes ne sont pas transparentes, très souvent inutilement d'ailleurs; car, dans la plupart des maladies que nous venons d'énumérer, les viandes présentent d'autres signes macroscopiques trop saillants pour que la fraude soit possible. Dans tous les cas, cette fraude ne peut tromper que les profanes.

Comme conclusion de tout ce que nous venons de dire, l'inspecteur doit refuser tout quartier de viande dépourvu de sa séreuse, car le vendeur a certainement voulu cacher une affection quelconque et frauder.

Si les séreuses ont été enlevées sur la bête entière, le devoir de l'inspecteur est de consigner d'abord l'animal suspect et de rechercher ensuite pour quel motif le fraudeur a enlevé la plèvre et le péritoine.

Si le vendeur a voulu faire disparaître les traces de la tuberculose, l'inspecteur se mettra à la recherche des ganglions ; la découverte d'un seul ganglion porteur de lésions tuberculeuses à une période plus ou moins avancée lui permettra de constater la fraude et saisir la viande, partiellement ou totalement, s'il y a lieu.

Dans le cas où l'inspecteur soupçonnerait une affection charbonneuse, il prélèvera du sang et fera des recherches bactériologiques qu'il fera marcher de front avec des inoculations au cobaye.

Pour les autres affections dont nous avons parlé dans ce chapitre, il s'attachera à trouver les caractères de la viande altérée propres à chaque affection ; il étudiera : la couleur et l'odeur de la viande, la consistance de la moelle, l'état des veines, la fermeté et la couleur de la graisse, la section des os et de la colonne vertébrale.

L'expertise de la viande en quartiers ou en morceaux est très délicate ; elle doit toujours être faite par un technicien.

Enlèvement ou ramonage des ganglions.

Le fraudeur malin est toujours très observateur et ne perd pas une occasion de s'instruire. Il sait que, pour se rendre compte du degré de généralisation de la tuberculose, le vétérinaire cherche, pour les inspecter, les ganglions disséminés dans tout le corps de l'animal suspect. Comme il a vu maintes fois l'inspecteur faire de semblables recherches pour la tuberculose et aussi pour d'autres affections, il a acquis des notions d'anatomie qui lui permettent de pratiquer très habilement cette fraude. Il a intérêt à enlever les ganglions quand il veut écouler de la viande provenant d'animaux morts de maladie ; les ganglions, dans ce cas, ont subi de profondes modifications, et les lésions qu'ils présentent sont d'autant plus accentuées que la maladie a été plus grave et de longue durée. Selon les affections, ils sont hypertrophiés, congestionnés, infiltrés, ramollis ; tel ganglion, à peine visible à l'état normal, peut devenir gros comme une noix à l'état pathologique. Leur couleur a un caractère particulier pour chaque affection.

Si l'inspecteur a des doutes sur la viande d'apparence saine qui lui est présentée en quartiers ou par morceaux, et qu'après de minutieuses recherches il constate que les ganglions font défaut, la viande expertisée est sûrement truquée. La fraude est manifeste : la viande doit être saisie et le vendeur poursuivi.

Remplacement d'un poumon tuberculeux par un poumon sain.

Dans un but égoïste en même temps qu'intéressé, et aussi pour se soustraire aux mesures sanitaires qui sont la conséquence de la découverte d'une maladie contagieuse (tuberculose), certains laitiers vendent leur bétail suspect de tuberculose à un prix inférieur à la valeur réelle, ou bien donnent une rétribution spéciale au boucher qui se charge de faire la déclaration de la maladie en son nom, ou de faire disparaître les traces de cette affection, surtout si elle est localisée.

Le fraudeur qui a cette mission et qui se trouve en présence d'une vache ayant de la tuberculose localisée au poumon, remplace cet organe malade par un poumon sain.

L'inspecteur, en examinant le poumon adhérant en apparence à la cavité thoracique, devra se rendre compte si cet organe est d'un *volume trop petit* ou *trop grand* par rapport aux dimensions de la bête. En outre, il imprimera une *traction* sur le poumon. Si celui-ci est attaché avec des ficelles ou des agrafes, il cédera à une légère traction et la fraude sera déjouée.

Apposer à un animal de qualité inférieure la toilette provenant d'un animal de meilleure qualité.

La *toilette* (épiploon) est une membrane graisseuse et transparente, repli du péritoine, qui rattache les uns aux autres les divers viscères contenus dans la cavité abdominale.

Cette fraude, qui se pratique sur le veau et plus particulièrement sur le mouton, a pour but de faire consommer de la viande de qualité très inférieure, très peu alibile, souvent malsaine, provenant d'animaux très maigres, cachectiques ou hydrohémiques. La plupart des animaux que nous venons de citer n'ont pas *la moelle*, c'est-à-dire qu'au lieu d'avoir la moelle *ferme* et blanche, comme celle des animaux sains, ils l'ont *fluide* et d'une coloration variant du *gris sale* au *rouge très vif*, selon les degrés d'ancienneté de la maladie.

La viande provenant d'animaux n'ayant pas la moelle est toujours saisie.

La fraude consiste à prendre la toilette d'un animal gras pour l'appliquer sur un animal défectueux (maigre ou malade). Cette membrane est placée principalement sur l'ouverture de la cavité abdominale, pour cacher les reins dépourvus de graisse et les parois de cette cavité qui sont en quelque sorte transparents, tant la misère physiologique est extrême.

Le fraudeur a le soin de chercher la toilette d'un animal ayant la taille plus forte que celui qu'il veut maquiller, pour pouvoir le recouvrir le plus complètement possible.

La fraude est très facile à reconnaître : il suffit de soulever la toilette pour constater le délit et juger de la qualité de l'animal truqué.

Moyen de rendre rouge la section de la colonne vertébrale des bêtes anémiques, ictériques et celles atteintes d'hématurie.

Il arrive souvent qu'on abat des bêtes en chair, atteintes, à un degré plus ou moins avancé, d'*anémie*, d'*ictère* et d'*hématurie*. Lorsque l'animal a été fendu, la coupe de la colonne vertébrale, au lieu d'être *rouge vif*, est *rose très pâle*, *jaune safran* ou *jaune verdâtre*. Ces teintes rendent la viande peu marchande (difficile à vendre) et comme le boucher débitant, avant d'acheter, inspecte toujours la section de la colonne vertébrale, les fraudeurs, pour aviver les tons de la partie spongieuse des vertèbres, les badigeonnent avec du sang.

La fraude est facile à discerner si on regarde la section avec attention.

Quelques tromperies qui se pratiquent dans la vente en gros.

Changement d'incisives vieilles par des jeunes.

Dans les grandes villes, la vente des animaux abattus se fait dans des salles spéciales non loin des abattoirs, ou à la criée, par bœufs entiers, demi-bœufs, quarts de bœufs ou aloyaux. Les acheteurs qui payent bien et qui recherchent la viande de première qualité exigent que les animaux aient de 4 à 6 ans. Comme le maxillaire inférieur fait partie du demi-bœuf, l'âge est assez facile à contrôler. Quelques vendeurs changent les vieilles incisives par des incisives provenant d'animaux plus jeunes. La supercherie est facile à découvrir, l'acheteur n'a qu'à opérer une légère traction sur les incisives qui sont fort mal implantées.

Réduction de la profondeur de la poitrine pour faire diminuer (optiquement) la viande de basse qualité de cette région. (Déformation de la poitrine.)

Les bas morceaux se vendent très bon marché, les acheteurs choisissent autant que possible des bêtes ayant la poitrine le moins développée possible. Les vendeurs pratiquent ce qu'ils appellent la *déformation de la poitrine* sur des bêtes de très bonne qualité ; pour cela, dès que l'animal est abattu et placé sur les pentes, ils mettent un poids de 20 kilos sur chaque moitié de bœuf. « Ces poids de 20 kilos redressent l'animal comme on redresserait une bosse », disent les vendeurs ; *tout se porte vers le dos*, en sorte que la basse marchandise paraît diminuée.

Bombement du flanc.

Il arrive assez souvent que des animaux de très bonne qualité sont porteurs d'une ou deux côtes flottantes ; le flanc est forcément creux à ce niveau ; la marchandise a mauvais aspect quand elle est exposée en vente ; pour remédier à cet inconvénient, ils *bombent* le flanc au moyen d'un bâton qu'ils mettent en travers d'un flanc à l'autre.

Dégraissage.

Par ce temps de dyspepsies, les consommateurs n'aiment pas la graisse ; aussi les bouchers détaillants recherchent des animaux de première qualité ayant le moins de graisse de couverture. Comme ceux qui sont trop gras risquent de perdre une certaine partie de leur valeur, on les dégraisse avec le couteau à plat, en dédolant. Cette tromperie est très regrettable, car on enlève ainsi la meilleure graisse.

Marquage des viandes avec des faux cachets et par décalquage des marques apposées par le vétérinaire.

Il arrive quelquefois que des fournisseurs possèdent de faux cachets ; ils peuvent marquer ainsi des viandes qui, au moment de la visite, avaient été reconnues insuffisantes pour l'alimentation, et les distribuent à des corps isolés qui n'ont pas de moyens de contrôle faciles.

A Reims, un fournisseur avait décalqué la marque d'un veau sain sur un veau mort-né.

Toutes les fraudes que nous venons de passer en revue se pratiquent en général dans l'abattoir ou dans les tueries particulières sur les bêtes entières. Celles que nous allons examiner dans les chapitres qui suivent se font sur des morceaux de viande et au domicile du fraudeur.

Fraudes pour enjoliver la viande, la rajeunir et cacher les premiers signes de l'avarie.

Pour faciliter le travail de la vente, les bouchers découpent, la veille, les quartiers en petits morceaux dont le poids varie de 100 grammes à 3 kilos. Au bout de quelques heures, surtout si les influences atmosphériques, peu favorables à la conservation, se mettent de la partie, la coupe se *ternit* et déprécie la viande.

Pour lui donner un aspect plus séduisant, plus marchand, le fraudeur badigeonne les surfaces des morceaux de viande avec de la *synovie* retirée des articulations. Cette fraude n'est pas dangereuse ; elle a surtout pour but d'enjoliver et de rajeunir la viande débitée.

Depuis quelques années on fait un grand usage d'un produit à base d'hyposulfite de potasse appelé *olabar*, pour protéger la coupe de la viande, l'empêcher de s'altérer et faire disparaître l'odeur de relent.

Malheureusement, ce produit ne garantit que la surface de la viande et n'empêche pas la putréfaction de faire son œuvre dans les interstices musculaires et dans l'intérieur même des muscles.

Le consommateur achète de la viande en voie d'avarie et qu'il croit saine ; il est donc trompé ! Cette fraude peut devenir dangereuse, car le tube digestif de l'homme est très sensible à l'action des viandes même légèrement putréfiées. Les troubles gastro-intestinaux qui résultent de l'absorption de ces viandes sont plus ou moins graves selon la constitution de celui qui les a consommées. Les viandes putréfiées sont particulièrement malsaines pour les personnes atteintes d'insuffisance rénale.

Fraude au moyen des antiseptiques.

En règle générale, tous les antiseptiques, même les plus anodins, sont nuisibles à la santé, parce que le fraudeur les emploie toujours à haute dose pour obtenir plus sûrement le but qu'il recherche : empêcher certains produits de s'avarier ou faire consommer des produits en voie d'avarie. Il y a donc fraude toutes les fois qu'on vend de la viande conservée par des antiseptiques, dont la vente est déjà, d'ailleurs, interdite par des lois et décrets.

Nous allons passer en revue les principaux antiseptiques employés pour la conservation des viandes et des préparations manipulées.

Le procédé le plus primitif est l'emploi de la *fumée*, mais on ne s'en sert que pour certaines catégories de viande de porc. La fumée n'est pas utilisée pour la conservation des viandes fraîches de boucherie.

Le produit le plus usité, employé à peu près partout, est le *sel de conserve* ou *fleur de conserve*, ainsi composé :

Borax	400	grammes
Sel marin.	1	—

Pour utiliser ce mélange, on le met dans un soufflet avec lequel on le projette sur la viande à conserver.

Le borax préparé par le procédé de « saturation par voie humide » séjourne dans des caisses de plomb. Il en résulte que le borax est souvent *plombique* et par suite devient dangereux pour l'alimentation.

La *poudre conservatrice* n'est qu'un mélange de borax et d'acide borique dont les proportions ne sont pas connues.

Malgré un arrêté du Ministre de l'agriculture et du commerce (7 février 1881), on emploie aussi l'*acide salicylique*. D'après le professeur A. Gautier, ce produit « n'est pas toléré par tous les estomacs, ni toujours facilement excrété par les reins ; aux doses où il est utilement employé pour conserver les viandes, on a relevé quelques accidents ».

Le *formol*, qui, d'après Mauget, possède une action antiseptique extrêmement puissante, puisque, à la dose de 1/20.000, il arrête la pullulation de tous les microorganismes, a un grand inconvénient qui doit faire rejeter son emploi. « En se combinant avec les albuminoïdes, il rend non seulement ceux-ci imputrescibles, mais indigestes. » (Gautier, *Alimentation*, p. 131.)

La viande soumise aux vapeurs du formol n'a pas de saveur spéciale et conserve toutes ses propriétés alibiles. Cette fraude est très difficile à découvrir si le produit est manié par des gens habiles.

L'*orysol* est une préparation conservatrice faite avec du sulfite de soude cristallisé ; il avive la coloration.

Le *sel Montégul*, composé de chlorure de sodium et d'azotate de potasse, est employé pour conserver les viandes et leur donner une coloration plus vive.

Le *sel de nitre* (nitrate de potasse) est employé pour donner une couleur plus vive à la viande de porc. D'après Pagès, même à petite dose il est très irritant localement et très diurétique. « Il donne une soif ardente, inextinguible. » Comme tel, il faut le prohiber

En résumé, l'emploi des antiseptiques doit être sévèrement réprimé, parce qu'ils n'empêchent pas toujours l'altération de la viande, en sorte que cet aliment, quand il a subi un commencement de putréfaction, est doublement dangereux.

Dans l'armée, la recherche des antiseptiques ainsi que toutes celles concernant les sophistications alimentaires doivent être confiées aux pharmaciens, seuls qualifiés pour faire des analyses très délicates.

Fraudes sur certains organes de l'appareil digestif.

Depuis que la mode est aux repas variés, les soldats consomment de temps à autre des *tripes* ou *gras double*. Pour faire le gras double on se sert des estomacs de bœuf, de vache ou de taureau.

Le gras double de bœuf est recherché pour faire des préparations culinaires spéciales dites : tripes à la mode de Caen, tripes à la lyonnaise,

Les tripiers vendent cette denrée de 0 fr. 80 à 1 fr 50 le kilo, selon la qualité et la saison. Elle se vend toujours moins cher en été.

Les estomacs de mouton se vendent 0 fr. 10 et souvent même sont abandonnés par le tripier.

En présence de cette différence de prix si élevée, les fraudeurs ont cherché à écouler des panses de mouton en lieu et place des panses de bœuf. Comme la panse de bœuf est très épaisse, pour l'imiter ils superposent aussi exactement que possible plusieurs estomacs de mouton (qui sont très minces) et les fixent ensemble au moyen de gros fil dont la couleur se rapproche de celle des estomacs.

Le gras double provenant du mouton n'est pas nutritif ; dans le langage trivial de la boucherie, on dit qu'*il ne tient pas au corps* comme celui du bœuf. Il est en outre plus maigre, plus fibreux, sec et de digestion difficile. On utilise quelquefois les estomacs de mouton pour faire une préparation spéciale qu'on appelle *pieds paquets marseillais*. La différence entre le gras double du bœuf et celui du mouton est surtout manifeste quand on examine le *réseau ;* celui du bœuf a au moins 1 centimètre d'épaisseur, tandis que celui du mouton a l'épaisseur d'un feuillet.

Le fraudeur recherche les panses des moutons de race mérinos, qui sont très développées.

La fraude n'est pas nuisible à la santé ; mais le consommateur est trompé sur la qualité et la valeur nutritive de la marchandise.

Bien que la panse de veau soit habituellement vendue aux charcutiers pour la fabrique des andouillettes, on la substitue parfois à celle du bœuf.

Fraudes sur les viandes congelées.

Les viandes congelées, dont on dit avec juste raison le plus grand bien, sont appelées à jouer à l'avenir un très grand rôle dans l'alimentation du soldat et à remplacer presque complètement les viandes de conserve, qui sont encore trop souvent malsaines, coûtent très cher et ne sont pas apprêtées par nos troupiers.

Le professeur A. Gautier a démontré que les viandes congelées étaient aussi nutritives que les viandes fraîches, plus tendres, plus savoureuses et plus digestives. Si nous suivons les progrès de la science et de l'industrie, nous devons constituer dans le plus bref délai les trois quarts de nos approvisionnements de réserve de viande en viandes congelées et frigorifiées. Le soldat en campagne sera ainsi assuré de consommer de la viande saine et nutritive (1).

Après cette courte digression, revenons à notre question de fraude.

Nous avons eu l'occasion de saisir des centaines de kilos de viande de mouton (moutons entiers) qui avaient été congelés une deuxième fois ; cette viande, qui avait tout à fait l'aspect de viande ayant séjourné longtemps dans l'eau, *macérée*, se recouvrait très rapidement de moisissures. Ces altérations se produisaient dès que la viande était décongelée pour être mise dans les marmites. La viande ne perdait pas de jus, et le liquide en petite quantité qu'on remarquait sous les paniers était constitué presque exclusivement par de l'eau légèrement rosée. L'odeur qu'elle dégageait était extrêmement désagréable. Le mouton recongelé avait perdu presque toutes ses propriétés nutritives. En effet, en se dégelant, le suc qui s'en échappait entraînait avec lui tous les principes nutritifs et la plus grande partie des subsistances extractives qui lui donnent une saveur si agréable ; et, comme la décongélation se produisait en cours de route, souvent la viande avait le temps de s'avarier avant de subir la deuxième congélation.

Ainsi le consommateur est trompé sur la qualité, en même temps qu'il s'expose à consommer de la viande avariée.

Il peut arriver qu'on ait intérêt à savoir si la viande présentée

(1) On tend aujourd'hui à substituer la simple réfrigération (conservation en chambre froide — entre 3 et 5° — dans un air aussi sec que possible), à la congélation. Elle altère moins profondément la viande, et lui donne seulement à la longue de la tendreur et un bouquet spécial (maturation).

par un fournisseur est de la viande fraîche ou de la viande congelée. Le microscope permet assez exactement de tourner la difficulté. Dans le jus de viande fraîche, les globules sont régulièrement arrondis et rouges ; ceux provenant du jus de viande congelée ne sont pas ronds et sont presque totalement décolorés.

Une autre expérience plus simple, mais moins concluante, peut être employée : on jette dans deux verres remplis d'eau un morceau de viande fraîche dans l'un, un morceau de viande congelée dans l'autre. Le verre dans lequel a été jetée la viande congelée se colore plus vite, et la coloration est plus vive que celui qui contient de la viande fraîche.

Fraudes par les aliments très engraissants qui donnent à la viande une odeur désagréable.

Beaucoup d'engraisseurs emploient en toute connaissance de cause, malgré l'action en rédhibition à laquelle ils s'exposent de la part de l'acheteur ou consommateur, des aliments très engraissants, mais qui donnent à la viande une odeur et un goût tellement désagréables qu'elle ne peut être consommée.

Parmi ces aliments engraissants, nous citerons :

1° Le *fenugrec* (légumineuse papilionacée), dont les graines sont si riches en mucilage, que certains éleveurs du Midi utilisent pour engraisser les veaux. « Feu le professeur Mallet, de Toulouse, a démontré que si l'on supprime cet aliment trois semaines avant l'abatage, la malodeur et la malsaveur disparaissent. » (Pagès.)

2° Les *tourteaux rances*.

On alimente avec ces résidus de fruits ou de graines, dont on a extrait l'huile, certains animaux, mais plus particulièrement le porc et les volailles. En 1908, nous avons acheté au marché de Montluçon une dinde nourrie avec des tourteaux de noix rances, que nous n'avons pas pu manger. Feu Raynaud, vétérinaire à Gaillac, a fait paraître une note bien originale à ce sujet dans le *Journal de Toulouse*. La « rédhibition existe jusqu'à la mise au pot. » (Pagès.)

Fraudes portant sur des organes isolés et sur des morceaux de viande débitée.

La *langue de bœuf* est très recherchée ; on prépare avec elle des plats succulents : la langue fumée et la langue sauce piquante. Mais, comme la demande est plus élevée que l'offre, quelques marchands pratiquent la fraude en écoulant des langues de cheval en place de celles de bœuf.

La fraude est facile à reconnaître : il suffit d'avoir vu côte à côte une langue de bœuf et une de cheval.

La première est recouverte de papilles qui la rendent rugueuse. On éprouve une sensation particulière en passant la paume de la main sur la face supérieure. Sa forme est assez régulièrement pyramidale. Celle du cheval est douce sur sa face supérieure et se termine en spatule.

Tromperie sur morceau vendu.

Dans beaucoup de grandes villes on donne du *tende de tranche* pour *rumsteck.*

Le tende de tranche vaut 1 fr. 10 la livre, le rumsteck de 1 fr 80 à 1 fr. 90 la livre.

Viande de cheval vendue comme viande de bœuf.

Depuis que la viande de bœuf a enchéri, celle de cheval est beaucoup plus demandée. Aussi le prix des chevaux destinés à la boucherie a presque doublé.

Il existe une autre raison qui a son importance : c'est que les médecins la prescrivent à beaucoup de leurs malades, parce que le cheval est rarement atteint de tuberculose, et qu'il ne communique pas le ténia comme le bœuf (*cysticercus bovis, tænia inerme*). La crainte en ce qui concerne le ténia est considérablement exagérée, car les bœufs français n'en sont atteints que très exceptionnellement.

En suivant les progrès rapides de l'automobilisme, nous nous demandons si, à une époque peut-être peu éloignée, le cheval à son tour ne sera pas élevé comme bête de boucherie.

Chaque fois que le boucher vend de la viande de cheval en place de bœuf, il fraude s'il oublie d'en prévenir l'acheteur.

La fraude est tentante ; car, malgré l'augmentation qu'a subie la viande de cheval, elle est très bon marché par comparaison à celle de bœuf.

Pour reconnaître la fraude, il suffit, quand il s'agit de gros morceaux de viande, de se rappeler les caractères distinctifs de la viande de bœuf et de celle de cheval qui sont réunis dans le tableau ci-après.

Un moyen très pratique pour différencier la viande de cheval de celle de bœuf, c'est de prendre un morceau de chaque espèce, fermer les yeux et passer le pouce sur la coupe, la différence est sensible. Le même procédé réussit pour le taureau et le bœuf.

Tournier, de l'inspection de Paris, excellait dans cette différenciation.

A la cuisson, la plupart des cuisinières savent distinguer le cheval du bœuf, parce que le premier donne une quantité considérable de sérum.

Le tableau suivant contient les principaux caractères différentiels de la viande de bœuf et de la viande de cheval.

CARACTÈRES.	VIANDE DE BŒUF OU VACHE.	VIANDE DE CHEVAL.
Couleur.	Rouge vif.	Rouge brun; teinte rouillée au bout de 24 heures après l'abatage; devenant noire au contact de l'air.
Odeur.	Douce et fraîche, agréable, légèrement aromatique.	Odeur d'écurie chez la majorité des chevaux abattus, qui sont maigres et fatigués, mais pas d'odeur spéciale chez ceux qui sont saignés en bon état de santé et d'embonpoint.
Consistance.	Ferme, résistante à la pression.	Dure chez les chevaux en bon état, molle et gluante chez les chevaux maigres et fatigués.
Graisse.	La graisse de couverture est blanche, la graisse interne est jaune beurre frais, ou jaune paille. Ferme et dure.	La graisse de couverture fait souvent défaut. La graisse interne est jaune, huileuse, disposée comme la *panne* du porc à la face interne de la paroi abdominale. La viande de cheval tache le papier Joseph (papier jaune employé par les bouchers pour envelopper la viande débitée).
Coupe.	Facile à faire. Grain fin. Persillée selon la race et la région. La pression donne un jus rouge clair.	Résistante. Grain large et épais.
Surfaces articulaires.	Blanc rosé.	Complètement roses ou blanc nacre.
Analyse.	Ne contient pas de glycogène.	Contient une notable quantité de glycogène.

Nous verrons plus loin, à propos des produits manipulés de la charcuterie, les moyens de reconnaître la *viande* de cheval.

Fraude sur la qualité.

Il y a fraude sur la qualité toutes les fois que le vendeur donne de la viande de 2e qualité, 2e catégorie quand on lui demande de la viande de 1re qualité, 1re catégorie, etc., etc. Nous croyons nécessaire de donner quelques détails sur la division de la viande en qualités et catégories.

Divisions : trois qualités, trois catégories.

QUALITÉS

La qualité dépend de l'espèce, de la race, de l'âge, du sexe, du développement musculaire et du mode d'engraissement.

Division en qualités.

1re *qualité.*

Comprend le bœuf et la génisse engraissés à l'étable ou à la prairie (ce dernier mode préféré) de 4 à 6 ans pour les bœufs, de 2 à 3 ans pour les génisses de race précoce. Graisse de couverture dans toutes les régions et beaucoup de graisse intérieure.

2e *qualité.*

1° Le bœuf de travail (6 à 10 ans) et qui est engraissé généralement à l'étable pendant quelques mois avant d'être vendu ; 2° des vaches ayant moins de 8 ans, bien engraissées après avoir produit deux ou trois veaux et un peu de lait ; 3° des taureaux de 2 ou 3 ans engraissés et auxquels on a fait faire le moins de saillies possible. — Graisse de couverture moins épaisse et moins étendue ; moins de graisse interne.

3e *qualité.*

Comprend les animaux maigres : bœufs ayant trop travaillé et âgés de 9 à 12 ans ; vaches épuisées par des vêlages trop fréquents, l'âge et la lactation. -- Peu de graisse de couverture ; rognons simplement couverts.

CATÉGORIES

La catégorie est basée sur la place qu'occupe le morceau dans les différentes régions de l'animal ; la valeur marchande du morceau varie selon sa finesse et sa saveur.

Division en catégories.

1re *catégorie.*			
Muscles épais, bien infiltrés de graisse, 30 p. 100 du poids net. La proportion d'os par rapport à la viande est inférieure à celle des deux autres catégories.	Régions fessières, ischio-tibiales, sus et sous-lombaires.	Aloyau	Filet. Faux filet.
		Cuisse	Culotte, tranche grasse ; tende de tranche, gîte à la noix.

2e *catégorie.* 25 p. 100 du poids net. Viande moins savoureuse. Contient une proportion d'os plus élevée que la première.	Muscles de l'épaule et de la région costale.	Pointe de derrière ou paleron. Premier talon de collier. Côtes. Bavette d'aloyau. Plate côte.
3e *catégorie.* 40 p. 100 du poids net. Peu savoureux, contient beaucoup d'os dans certaines régions : épaule, collier.	Muscles du cou. Abdominaux. Partie inférieure des membres.	Collier. Surlonge. Pis de bœuf. Paillasse ou flanchet. Joues. Jambe.

A Paris, certains fraudeurs mettent dans le flanchet des morceaux de viande qui ne sont pas vendables autrement. Ces morceaux de viande, comme les bouts de coupe, sont appelés *gobets*. Souvent ces gobets sont déjà un peu altérés.

Une fois introduits dans le flanchet, le fraudeur donne quelques bons coups de fendoir pour les aplatir et les faire adhérer.

Cette fraude se pratique aussi en province sur une large échelle.

Fraude sur le sexe.

La viande exposée devant les étalages est toujours marquée « viande de bœuf », et cependant on abat beaucoup de vaches !

Les officiers appelés à recevoir la viande peuvent exiger, d'après le cahier des charges, une certaine proportion de quartiers de bœuf ; or, comme la viande de vache est en général meilleur marché que celle de bœuf, le fournisseur a une tendance à donner le moins possible de quartiers de bœuf.

L'officier chargé de recevoir la viande doit porter son investigation du côté du bassin. Si le quartier présenté à son examen est un quartier de vache, il constatera à la place des mamelles une cavité assez profonde. Chez les femelles qui n'ont pas encore porté, les mamelles restent sur l'animal où elles forment un *gras fin et soyeux* qui sert à ornementer la région. Certains maîtres garçons, pour dissimuler le sexe d'une vache grasse, font sur cette graisse des incisions quadrillées qui ne peuvent tromper que les profanes. Si, au contraire, les mamelles sont gorgées de lait, on les enlève et on les remplace par de la graisse de bœuf provenant du maniement appelé *brague* (poche du testicule d'un animal castré). Cette graisse, dite *dessous de bœuf*, est maintenue dans la cavité au moyen de fines chevilles de bois invisibles.

Le quartier de la vache a aussi les apparences de celui du bœuf. En examinant l'intérieur du bassin, la coupe de la symphyse ischio-pubienne a une forme particulière pour chaque sexe : chez le bœuf, la tubérosité antérieure est plus volumineuse et a une forme ronde ; chez la vache, la même tubérosité est aplatie.

Cependant, chez la génisse, la forme de la tubérosité antérieure ressemble beaucoup à celle du bœuf. La côte du bœuf est plus large ; elle présente à son bord postéro-interne une excavation qui n'existe pas sur la côte de la vache.

Chez le bœuf, la graisse du *dessus* ou *brague*, située en avant et en bas du pubis, est mamelonnée, tandis que celle de la vache dans la même région est fine et presque lisse.

Chez le bœuf, le caractère distinctif le plus évident est la division en deux par une forte aponévrose du muscle plat de la cuisse (grand adducteur).

Il faut encore citer la présence du corps caverneux.

Taureau. — La proportion de taureau à fournir est aussi limitée. L'officier reconnaîtra le quartier de taureau : au manque de graisse de couverture, à ses formes rebondies, épaisses, massives. Les aponévroses, fines membranes qui recouvrent les muscles, lui donnent un aspect nacré. (Arc-en-ciel des bouchers.)

La viande est d'une couleur rouge noir. Elle est ferme, dure, même coriace, si le taureau est maigre et âgé. Ayant une odeur particulière rappelant son origine, la graisse est sèche et blanche.

Depuis quelques années, le taureau est soigné et nourri en vue de la boucherie, c'est-à-dire finement engraissé. Ces animaux ainsi préparés se tuent comme des bœufs; ils ont de la graisse de couverture qui cache les aponévroses. Sur les grands marchés, ces taureaux sont très recherchés et, particulièrement à la Villette, ils se vendent à des prix très élevés se rapprochant de ceux du bœuf de 2e qualité. Leur viande n'est plus *rufe*, disent les vendeurs, ce qui veut dire moins verte, infiltrée par la graisse. Les administrations et collèges les demandent à cause des nombreuses portions qu'on peut obtenir et parce que en été la viande peut se conserver vingt-quatre heures de plus que celle du bœuf.

Les taureaux maigres sont recherchés par les charcutiers pour faire des saucisses et du saucisson.

A notre avis, on ne devrait pas limiter la proportion de taureau dans l'alimentation du soldat.

La viande provenant de taureaux croisés durham (race mancelle) bien engraissés est très difficile à distinguer de celle du bœuf, surtout quand on examine des aloyaux. Il faut alors recourir au moyen que nous avons indiqué pour différencier la viande de cheval de celle du bœuf, c'est-à-dire fermer les yeux et passer le pouce sur la coupe de la viande.

Pour éviter la fraude sur le sexe, quelques municipalités ont imposé une marque spéciale. Tantôt l'inspecteur est obligé d'apposer une marque ayant la forme d'une étoile pour les vaches, celle d'un triangle pour les taureaux et celle d'un triangle renfermant le chiffre 3 pour les bœufs. Ou bien la marque porte en entier : bœuf, vache ou taureau.

De même, dans certaines villes, on marque les moutons français avec une couleur bleue et les algériens, rouge.

Ces diverses marques ont une importance réelle pour les bouchers qui achètent un demi-bœuf ou un quartier ; mais elles n'ont plus aucune valeur pour l'acheteur au détail.

Chèvre à la place du mouton.

La viande de chèvre est très inférieure à celle du mouton; elle a moins de saveur, est moins alibile, car, en général, ces animaux sont sacrifiés maigres épuisés par la lactation. La valeur commerciale de cette viande atteint à peine la moitié de la valeur attribuée au mouton; aussi certains fraudeurs en écoulent des quantités sous le nom de mouton.

Le fraudeur ne présente que très rarement la chèvre entière : il la donne débitée, sauf pour le gigot, qui est toujours livré entier.

La chèvre entière est toujours recouverte d'une toilette de mouton gras, destinée à cacher sa maigreur. Elle a le cou très mince et long ; pendant l'habillage, le fraudeur a le soin d'en diminuer la longueur. La poitrine, au lieu d'être ronde comme celle du mouton, est plate, et les apophyses des vertèbres sont très saillantes. Le gigot est grêle, de couleur foncée, long, droit et dépourvu presque totalement de graisse de couverture.

Quand la chèvre est débitée, le seul moyen d'éviter la fraude serait d'exiger que le pied ne soit pas enlevé du gigot.

Le bouc et le bélier sont souvent donnés à la place du mouton. Ces animaux ont le cou très développé; les quartiers de devant sont très massifs; la viande est très foncée, grossière, dure, coriace et dégage une odeur très désagréable. Généralement on les engraisse pour leur faire perdre une partie de leur odeur et rendre la viande moins foncée.

On emploie aussi, pour frauder, la viande d'animaux monorchides et crytorchides. La viande provenant de ces animaux n'est pas consommable, malgré le soin que prennent les fraudeurs de les faire ébouillanter. La cuisson, les condiments les plus énergiques n'ont aucune action sur cette odeur repoussante.

Chien au lieu de Mouton.

Plusieurs fois des fournisseurs ont donné du chien au lieu de mouton, mais il faut que le chien soit d'une race de taille élevée.

D'après Greffier, inspecteur de la boucherie de Paris, les caractères suivants permettent de différencier le chien du mouton.

	CHIEN.	MOUTON.
1° Cartilage de prolongement du scapulum..................	Absent.	Existe chez le mouton.
2° Péroné.............	Existe chez le chien.	Absent chez le mouton.
3° Aspect des surfaces articulaires..........	Les surfaces articulaires de la 2e rangée des os du carpe et de la 3e rangée des os du tarse ont des fossettes.	Ces surfaces sont planes ou légèrement ondulées.
4° Développement du ligament cervical......	Invisible. Est formé d'un simple cordon.	La section du cou fait voir un beau ligament cervical.
5° Conformation de l'appendice caudal........	Queue cylindrique.	Queue elliptique, aplatie dans le sens horizontal.
6° Graisse.............	Blanche et onctueuse, riche en oléine.	Blanche et ferme.

Il y a quelques années les inspecteurs du service de Paris ont fait condamner un boucher de Clichy qui vendait du chien pour du mouton. Cette fraude se pratique plus souvent qu'on ne croit : un caniche de 2 ans, gras, a beaucoup de ressemblance avec une jeune chèvre de même âge en très bon état. Le chien a les gigots plats, la graisse blanche, et le panicule charnu très coloré, façon pré salé.

La queue, quand elle existe en partie ou en totalité, permet de distinguer le lapin du chat. Celle du lapin est aplatie de dessus en dessous et s'amincit très vite ; tandis que celle du chat est arrondie et uniformément grosse dans une grande partie de son étendue.

III

Fraudes qui se pratiquent sur les produits manipulés de la charcuterie.

Les produits manipulés entrant dans l'alimentation du soldat comme repas variés, qui peuvent être l'objet de fraudes sont :

1° Le boudin ;

2° La saucisse ;

3° Le saucisson ;

4° Le pâté de cochon, encore appelé « fromage d'Italie ».

CONSIDÉRATIONS GÉNÉRALES

Avant de passer en revue chacun de ces produits au double point de vue de sa composition et des fraudes dont il peut être l'objet, nous dirons que, en règle générale, la viande de porc débitée et consommée dans les grands centres militaires est presque toujours de *qualité inférieure* pour les motifs suivants :

Aux abords des grandes villes de garnison des industriels appelés *nourrisseurs* ont créé des porcheries, dans lesquelles les porcs sont élevés dans les pires conditions hygiéniques. Ils sont très étroitement logés, manquant d'air, de lumière et sont tenus dans un état de saleté repoussante. Leur nourriture se compose presque exclusivement : d'eaux grasses, de débris de viande et d'os provenant des régiments, pensions et restaurants.

Bien qu'élevés dans de si mauvaises conditions, ces animaux sont très précoces parce qu'ils sont gavés de nourriture et qu'en outre ils ne peuvent pas faire de grands mouvements dans leurs habitations ; mais leur viande est *flasque*, comme *humide* ou *mouillée*, et pâle, c'est-à-dire de qualité inférieure ; en même temps très susceptible de s'altérer si les influences atmosphériques lui sont tant soit peu défavorables. Le lard qui provient de tels animaux est *mou* et *très épais* : il atteint jusqu'à 12 centimètres d'épaisseur.

Les commerçants soucieux de maintenir leur bon renom délaissent absolument la viande et le lard provenant de ces porcs, appelés *nourriciers*, qui se vendent de 25 à 35 centimes le kilo de moins que celle fournie par de bons porcs.

Deux causes, d'ordre différent, excitent le marchand peu scrupuleux à la fraude :

1° La cherté de la viande de porc, qui, depuis quatre ans, a atteint des prix excessifs, à cause de la pénurie de ce genre de bétail. Celle-ci est due à la sécheresse qui a sévi avec tant d'intensité en 1906 et 1907 et aussi à la fièvre aphteuse qui a fait pendant ces deux années beaucoup de ravages et occasionné une mortalité assez élevée ;

2° L'emploi des épices et condiments, mélangés à des antiseptiques qui leur permettent de masquer complètement le goût et l'odeur des produits invraisemblables, souvent avariés, qu'ils mêlent au *peu de viande de porc de qualité inférieure*, utilisée pour la fabrication des produits manipulés.

Comme on le voit, les condiments qui excitent l'appétit, développent la sécrétion des sucs gastriques, rendent la viande plus savoureuse, plus digestive et plus nutritive quand ils sont employés dans les bonnes préparations faites par des charcutiers consciencieux, sont utilisés par les fraudeurs surtout pour tromper le palais du consommateur et lui faire manger des aliments qui, sans ce subterfuge, auraient un goût et une odeur détestables qui les feraient sûrement rejeter.

On peut dire que, dans la majorité des cas, la fraude rend les aliments moins nutritifs et nocifs.

Pour terminer ce préambule, nous dirons que tous les produits manipulés de la charcuterie s'altèrent très facilement, parce qu'ils sont fabriqués en plein air, en contact avec les poussières des appartements en général sales; que la vaisselle dans laquelle ils séjournent est souvent infectée et qu'enfin ils sont exposés aux souillures des mouches. En principe, il faut se méfier de tout produit qui est *mou* et *bosselé* (saucisson), car il est en voie *d'altération* ou *altéré* et, comme tel, *toxique*.

Boudin.

Normalement le boudin devrait être fabriqué avec du sang et de la graisse de porc auxquels on ajouterait des oignons cuits, du poivre et du sel en quantité suffisante. Ainsi est fabriqué le boudin de ménage, avec lequel on se délecte aux approches de la Noël.

Voyons maintenant comment le fabriquent les fraudeurs.

D'abord, au lieu d'employer du sang de porc, riche en fibrine et qui a un arome délicat tout particulier que savent reconnaître les bons amateurs, ils emploient du sang de bœuf qui rend ce produit sec, du sang de veau, de mouton et même de cheval; ajoutons que, la plupart du temps, ce sang est recueilli dans des récipients malpropres. La graisse de porc est remplacée par la graisse de cheval, du pancréas de bœuf, de la rate et de la mamelle de vache.

En 1891, nous avons saisi dans une cantine un panier de boudin fabriqué avec du sang dont nous n'avons pu donner l'origine : de la graisse de cheval provenant de la *dégraisse*, c'est-à-dire le suif des intestins, mésentère et épiploon, et de la graisse de la paroi abdominale interne (panne de cheval), produit généralement vendu au fondeur 40 francs les 100 kilos. Ce boudin était très épais et peu cuit. En poursuivant nos recherches nous y avons trouvé une quantité notable de débris de crottins — de cheval sans nul doute, puisque nous avons eu la chance de tomber sur des grains d'avoine — et enfin des épingles à cheveux, dites *épingles neige*. Ce dernier objet nous permettait de supposer que le boudin avait été préparé par des femmes encore coquettes !

La proportion d'oignons qui entre dans la fabrication du bon boudin doit être du tiers; les fraudeurs en mettent le plus possible.

Avant de distribuer le lard, le service de l'intendance fait enlever toutes les parties ecchymosées. Ces épluchures sont vendues à vil prix et utilisées par certains fraudeurs pour faire le boudin.

Les corps qui font usage de cet aliment le payent généralement 0 fr. 70 à 0 fr. 80 le kilo, prix insuffisant s'il était de bonne qualité.

Le boudin s'avarie très vite, surtout quand il est fabriqué avec des produits aussi sales que ceux que nous venons de citer; car il y a tout lieu de croire que le boyau renfermant les autres denrées est aussi d'une propreté douteuse.

Quand sa surface ruisselle d'humidité, le boudin est en voie d'avarie ; il répand alors une odeur très pénétrante et devient, dans cet état, très dangereux pour le consommateur.

La *fraude* du boudin est facile à reconnaître, car c'est presque toujours de la graisse de cheval qu'on met à la place de celle de porc; or la graisse de cheval a des caractères très particuliers qui permettent de la distinguer facilement des autres graisses et en particulier de celle du porc : elle a une couleur jaunâtre, est *huileuse*, fond entre les doigts, se fonçant très rapidement ; tandis que celle du porc a une couleur tirant sur le gris blanc, quelquefois rosée, est toujours molle, sauf celle provenant du mâle ou des vieilles truies, qui est dure et très désagréable à manger, pour ne pas dire immangeable.

Cependant la fraude est très difficile à reconnaître quand il s'agit de préciser l'origine du sang. Si le sang du cheval contenait du *glycogène*, comme la viande, on pourrait souvent préciser la fraude, car le glycogène est très facile à déceler comme nous le verrons plus loin.

Pour examiner la composition du boudin et rechercher la fraude, il faut le fendre dans le sens de sa longueur.

Saucisse.

La vraie saucisse doit être préparée avec de la viande de porc finement hachée, dans la proportion de deux tiers de viande maigre pour un tiers de gras. On doit se servir de préférence d'un *menu* (boyau) de porc.

Beaucoup de charcutiers y ajoutent deux œufs par kilo de viande, du poivre, du sel en quantité suffisante, selon le goût du consommateur. Dans les grandes villes et probablement un peu partout, en raison de la cherté de la viande de porc, on fabrique la saucisse avec moitié viande de porc et moitié viande de bœuf. Il va de soi qu'on n'utilise pas les meilleurs morceaux de bœuf ; on prend au contraire les morceaux les moins savoureux, généralement le collier de taureau, bas morceau spongieux, très peu apprécié en boucherie et dont le prix varie, suivant les villes et les saisons, de 0 fr. 60 à 1 franc le kilo. Si le charcutier ne déclare pas à l'acheteur que sa saucisse contient une certaine proportion de bœuf, il fraude. Comme le collier a une coloration rouge très foncée, le fraudeur trempe cette viande dans l'eau bouillante pour la rendre plus pâle. Cette fraude est très anodine, surtout si on la compare à celle que nous allons décrire plus loin.

La *saucisse à soldats* est toujours longue, elle se fait avec un *menu de mouton* (intestin grêle de mouton qui coûte bien meilleur marché que le *menu de porc*). On fait pénétrer dans ce menu un mélange composé :

1° De toutes les raclures, épluchures, déchets et débris de viandes de boucherie, la viande infiltrée, ecchymosée (suite de traumatismes), — tous ces détritus plus ou moins avariés;

2° De la viande de cheval;

3° De la viande de vaches très maigres n'ayant pas souvent la moelle, épuisées par la lactation et l'âge;

4° De la viande de veaux mort-nés ou de veaux atteints de septico-pyohémie, de pneumo-entérite infectieuse et d'arthrites purulentes, animaux qu'on saigne à toute extrémité;

5° Du biscuit de soldat, de la mie de pain, de la fécule, amidon (1) et farine.

(1) Le laboratoire municipal de Reims emploie la solution iodo-iodurée suivante pour la recherche de la fécule :

Iodure de potassium..................	2 grammes.
Teinture d'iode.....................	6 gr. 50.
Eau distillée........................	1.000 grammes.

Le tout assaisonné de condiments aromatiques : coriandre, romarin, sauge, estragon, piment, poivre noir et blanc; des condiments sulfurés, ail et moutarde, du sel marin' et du sel de nitre.

En résumé, le saucisson de fraudeurs est fabriqué avec toutes sortes de produits peu nutritifs et souvent malsains; il n'y manque qu'une bonne denrée : *la viande de porc !*

Par sa composition, cette saucisse est déjà fort dangereuse. On la rend encore plus *nocive* en y ajoutant des colorants, dont la plupart contiennent de l'acide arsénieux : sulfite, teinture de cochenille, et de l'aniline. Les sulfites et le sel de nitre sont employés pour donner une coloration plus vive à la viande, retarder la décomposition du produit ou cacher un commencement d'altération.

Ajoutons que certains fraudeurs travaillent à part les diverses espèces de viande qui composent la saucisse, généralement bœuf et porc. Ils traitent la viande de bœuf et de porc le plus tôt possible après l'abatage ; ils arrivent ainsi à lui faire absorber de 40 à 60 p. 100 d'eau. Cette saucisse ainsi fabriquée n'a pas beaucoup de saveur et manque aussi des qualités nutritives qu'on recherche en consommant cet aliment ; en outre, elle est exposée à s'altérer très rapidement à cause de sa grande teneur en eau plus ou moins propre.

Nous croyons nécessaire de faire connaître quelques moyens faciles de découvrir la fraude.

RECHERCHE DES FRAUDES

Quand on cherche à déterminer les fraudes des produits manipulés, on doit se rappeler comme première règle ou indication, que la viande saine et fraîche a toujours une *réaction acide.* Si, en traitant le produit suspect on obtient une *réaction alcaline*, on peut affirmer *sûrement* que les produits employés étaient altérés, car c'est par l'influence des colonies bactériennes que la réaction est devenue *alcaline.*

Il faut ensuite rechercher les produits peu coûteux qu'on y

mêle pour les rendre plus lourds : mie de pain, biscuit de soldats, fécule, amidon, farine. On met dans un mortier une petite quantité de produit manipulé qu'on triture et sur lequel on verse ensuite un peu d'eau chaude. Si le liquide obtenu après trituration devient bleu par l'addition d'une ou plusieurs gouttes d'eau iodo-iodurée, on peut *affirmer* que le produit contient de la farine, de la mie de pain, de l'amidon (1). Pour spécifier la nature du produit amylacé, il faut avoir recours au microscope.

Le biscuit et la mie de pain surnagent quand on jette dans l'eau des débris du produit manipulé qui contient ces denrées.

La viande la plus employée pour la sophistication de la saucisse est celle de cheval; celles d'âne et de mulet sont surtout usitées pour la fabrication du saucisson.

D'après Niebel et A. Gautier, la viande de cheval contient toujours du *glycogène*. Il existe plusieurs procédés pour le rechercher.

1° Celui de Brantignan et Edelmann, modifié par Courtoy Coremans, « basé sur la propriété que possède l'iode de communiquer une teinte spéciale aux solutions de glycogène, sur la propriété que possède le glycogène, que renferme seule la viande de cheval, de donner une teinte rouge violet au contact de l'iode ». (Galtier) ;

2° Le procédé Ferdinand Jean, qui modifie un peu la technique usitée par les précédents.

Mais E. Gérard et A. Bon, de la faculté de Lille, prétendent que les procédés ne sont pas toujours fidèles, « car cet hydrate de carbone est facilement transformé en sucre par les diastases que sécrètent les microbes ou par celles qui peuvent exister dans le tissu musculaire ».

Les deux premiers procédés ne donnant pas dans tous les cas des résultats suffisamment précis, on fait usage, depuis quelques années, de la méthode dite des *sérums précipitants* « dont le principe a été mis en lumière par Bordet et Tchistowitsch.

(1) Une trop forte proportion d'amidon masque considérablement la réaction du glycogène.

Ce principe est le suivant : Quand on injecte à un animal A un liquide physiologique contenant des matières albuminoïdes provenant d'un animal d'une espèce différente B, le sérum de l'animal A acquiert la propriété de précipiter *in vitro* les substances dont on s'est servi, c'est-à-dire les liquides albumineux de l'espèce B. Cette réaction est spécifique, c'est-à-dire que le sang de lapin, préparé avec des albumines provenant d'un animal d'une espèce donnée, ne précipitera que ces albumines et non celles d'une espèce voisine. » (Gérard, *Analyse des denrées alimentaires*.)

L'emploi des sérums précipitants ne donne pas non plus un résultat très affirmatif dans tous les cas, puisque le sérum préparé en vue de déceler la viande de bœuf précipite souvent les solutions albumineuses de mouton et de chèvre (Galtier.)

Après la viande de cheval, on emploie pour frauder la viande de veau mort-né qui contient aussi du glycogène.

Si l'inspecteur suppose que la viande utilisée en fraude provient d'animaux atteints de ladrerie, de trichine, il prélèvera des fibres musculaires et utilisera le microscope. Nous ajouterons, à propos des viandes provenant d'animaux ladres, que le liquide contenu dans les cysticerques est toxique, de sorte que la viande ladre est doublement dangereuse (1).

L'expert pourra rechercher aussi si les viandes entrant dans la composition des produits manipulés ne proviennent pas d'animaux atteints de maladies fiévreuses, virulentes ou de viandes putréfiées. Il aura recours à la bactériologie et aux inoculations au cobaye.

Saucisson.

On donne aussi du saucisson à nos soldats; ils le consomment comme repas froid pendant les marches et manœuvres.

(1) C'est l'avis général. Personnellement, en 1893, nous avons intoxiqué trois jeunes chats de 2 mois en leur faisant absorber le liquide de deux echinococcus volumineux d'un bœuf qui venait d'être abattu. Nous reprendrons ces expériences à la prochaine occasion. Les auteurs italiens prétendent que le liquide des échinocoques n'est pas toxique.

Le saucisson devrait être exclusivement fabriqué avec de la viande de porc; mais il est surtout composé de viande de vieilles vaches épuisées par la lactation et l'âge, et de viande de cheval, de fécule d'amidon (1), de toutes sortes de débris peu alibiles, souvent avariés.

Au conseil général de la Seine, séance du 30 mars 1906, M. Barriès d'Alfort a signalé l'emploi de la viande de chevaux morts naturellement dans la fabrication du saucisson ; mais tous les vieux inspecteurs des viandes de Paris déclarent que cette fraude, si elle existe encore, doit être très rare. On ne pourrait, en tout cas, utiliser que les cadavres d'animaux morts récemment, et vidés aussitôt.

Le vrai et bon saucisson fait avec de la viande de porc, présente à la coupe une jolie couleur rose ; la graisse est blanche, ferme et onctueuse au toucher ; l'odeur qui s'en dégage est agréable.

Le saucisson fabriqué avec de la viande de cheval et de vieille vache présente à la coupe un aspect très foncé, une teinte noirâtre, terne. Il noircit très vite au contact de l'air ; la graisse a l'aspect jaune; l'odeur qui s'en dégage est celle du condiment dont la quantité employée domine.

Ce saucisson est difficile à couper et la section n'est jamais bien nette, parce que les denrées qu'on y a entonnées sont élastiques et insuffisamment pressées.

Altérations. — Le saucisson bon marché destiné à l'alimentation de nos soldats, fait avec des substances très douteuses sous tous les rapports, est susceptible de s'altérer très rapidement, malgré la quantité d'antiseptiques et condiments qu'il contient. S'il n'est pas vendu rapidement, comme il traîne dans des paniers et voitures exposés à toutes les influences atmos-

---

(1) Par une circulaire du 2 mars 1908, le Ministre de l'agriculture a décrété qu'il n'y aurait pas fraude tant que la matière amylacée calculée en amidon ne dépasserait pas :

2 p. 100 dans les saucisses et saucissons ;
5 p. 100 dans les pâtés de volaille ;
10 p. 100 dans les pâtés de porc.

phériques généralement défavorables à sa conservation, il prend une teinte *brunâtre*, suinte et dégage une odeur des plus désagréables. Pour cacher ce degré d'altération, le fraudeur fait tremper le saucisson dans une solution de sulfite et le recouvre ensuite d'une deuxième enveloppe.

Malgré ces soins, l'avarie continue ses ravages ; le saucisson devient *mou* et ne tarde pas à se *bosseler*. Si on pratique une coupe sur du saucisson mou et bosselé, on constate qu'elle a une teinte gris plombé ; l'odeur qui s'en dégage est fortement butyrique. Le produit est, dans cet état, la proie du *bacterium coli* et du *bacillus botulinus*, l'un et l'autre extrêmement dangereux pour le consommateur.

Nous ne parlerons ici que pour mémoire de l'altération dite « rance » ; on ne la constate jamais sur le saucisson spécial aux militaires. Ce produit est trop mal fabriqué pour pouvoir devenir rance : elle se putréfie avant. Les fraudeurs, d'ailleurs, connaissant très bien les défauts de leur marchandise, la fabriquent en petite quantité pour pouvoir l'écouler rapidement. Cependant nous sommes d'avis qu'il faut éliminer de la consommation le saucisson rance, s'il s'en présentait.

Pâté ou fromage d'Italie.

On peut dire que ce pâté est aussi fabriqué spécialement pour les militaires; c'est dans les cantines que les soldats le consomment. Il se compose de foies de bœuf, de cheval, de poumons, de rate, de cervelle de mouton, le tout recouvert de gélatine artificielle. La plupart des organes contenus dans ce produit manipulé — foies et poumons — proviennent de tueries clandestines, c'est-à-dire qu'ils sont souvent porteurs d'échinocoques et d'abcès tuberculeux. « Pour ne rien perdre, dit le Dr Vernois, certains marchands soumettent à l'ébullition tous les déchets de viande crue ou cuite, quelquefois en fermentation, hachent tous ces abris, les assaisonnent fortement et font des conserves, des saucissons ou des *pâtés à très bas prix*. Ils y font même entrer parfois les utérus purulents des vaches mortes après le part. »

Les soldats, en le consommant, peuvent contracter le ténia et la tuberculose; car ces pâtés sont livrés à la consommation après une cuisson plutôt légère.

Maladies occasionnées par l'ingestion des produits manipulés de charcuterie avariés.

L'ingestion de boudins, saucisses, saucissons et pâtés avariés détermine des intoxications très graves et souvent mortelles. La plus commune est celle qu'on désigne sous le nom de *botulisme* (*botulus*, boudin), due à un microbe anaérobie, le microbe de Van Ermanghen.

L'empoisonnement peut se manifester quelques minutes après le repas (vingt à quarante minutes), ou bien au bout de quinze à vingt heures. Les principaux symptômes observés sont : vomissements, violentes coliques, diarrhée, sécheresse de la gorge, céphalée intense, syncopes. Si l'intoxication n'est pas refrénée par un traitement énergique, le malade ne tarde pas à éprouver des vertiges, de la dysphagie, de la dilatation pupillaire ; les membres sont comme paralysés, la voix devient rauque ; il se produit souvent des éruptions cutanées et le malade succombe dans le collapsus.

Les toxines que contiennent les produits avariés jouent un rôle prépondérant dans le développement des maladies du foie, du rein et de l'artério-sclérose.

Intoxication par le plomb.

Les charcutiers se servent, pour la fabrication de leurs produits manipulés, d'ustensiles bon marché, dont les vernis sont à base de plomb. Le vernis de toutes les poteries est à base de *sulfure de plomb*. C'est pour rendre le vernis plus fusible qu'on ajoute un excès de plomb dans toutes les poteries bon marché.

Le docteur Barillé explique ainsi l'action du plomb dans le tube digestif : « Les acides faibles contenus dans les aliments s'emparent de l'excès de plomb, ce qui revient à dire qu'une partie du sulfure de plomb s'oxyde, se dissout dans les acides faibles et peut déterminer des intoxications à marche lente. »

Il faut ajouter aussi que beaucoup de teintures d'aniline employées pour colorer certains produits de la charcuterie contiennent une certaine proportion d'acide arsénieux.

Pour éviter tous ces accidents il convient d'inspecter de très près tous les produits manipulés de la charcuterie, de les refuser ou de les saisir dès qu'ils présentent la moindre altération.

APPENDICE

Considérations sur la ration et sur la préparation des aliments.

La situation que nous occupons à Toul fait que nous sommes souvent consulté, officieusement, par nos camarades, les capitaines commandants, sur la composition de la ration du soldat (320 grammes de viande par jour). En dehors de l'armée, cette question fait l'objet de critiques et excite les passions des gens compétents et incompétents. Ils prétendent que la ration est insuffisante, et que la seule cause de cette insuffisance tient à ce que les personnes qui, en haut lieu, s'occupent de la nourriture du soldat, placent trop la question sur le terrain économique. Il faut cependant que les dépenses affectées à l'alimentation aient une limite ; or, 125 millions sont dépensés annuellement pour le service des ordinaires : nous estimons cette somme raisonnable ; le Parlement, qui représente bien l'opinion publique, se montre très généreux quand il s'agit du bien-être du troupier.

Théoriquement, la ration est suffisante, comme l'a dit l'éloquent rapporteur du budget de la guerre (1905) : « L'hygiène alimentaire du soldat demande à être surveillée de très près. Il ne suffit pas de le nourrir, il faut le nourrir bien, et son alimentation doit être protégée contre tout frelatement et contre toute fraude », et nous ajoutons : « La préparation surtout doit être surveillée ! C'est précisément ce qui laisse à désirer et ce qui fait que la ration ne donne pas ce qu'on attend d'elle. » On a une tendance très marquée à s'occuper de la qualité et de la quantité des aliments aux dépens du mode de préparation, qui a tant d'influence sur l'assimilation.

Pour faire nos expériences de rendement, nous pénétrons

très fréquemment, et à toute heure du jour, dans les cuisines, où nous constatons que la ration distribuée n'est pas totalement ingérée.

Une chose nous a toujours frappé : c'est la quantité d'aliments laissés par les soldats ; la viande, quand elle n'est pas excessivement grasse, est toujours consommée ; mais les légumes, qui auraient dû être mangés avec le même plaisir, restent dans les plats en des proportions considérables. Les restes abandonnés par les soldats sont si importants que chaque compagnie nourrit journellement plusieurs pauvres. On voit en effet devant les casernes, à l'heure des repas, une clientèle assidue, composée de réguliers sédentaires : mendiants, hommes de peine et autres déclassés qu'on peut qualifier de pensionnaires et de cosmopolites de passage, qui savent par expérience que, pour apaiser les transes de la faim, la caserne est le meilleur bureau de bienfaisance, où l'on arrive sans aucune formalité et où l'on est servi sans attendre. Ces pauvres hères mangent avec appétit, se restaurent, se régalent, vivent d'aliments que les soldats consommeraient si la préparation était plus soignée. En outre, les eaux grasses des casernes sont très recherchées pour l'engraissement du bétail (porcs), parce qu'elles sont réputées très nutritives en raison des bons déchets qu'elles contiennent.

C'est sans doute une consolation de savoir que tant de malheureux en tirent profit ; mais nous avons mieux à faire : c'est de trouver le moyen de faire manger par chacun de nos troupiers la ration qui lui est distribuée. Les soldats témoignent une répugnance très marquée pour le cuisinier, qu'ils accusent d'incapacité et de malpropreté. Il suffirait donc d'employer des professionnels qui auraient à leur disposition du linge et des vêtements spéciaux, leur permettant d'être plus propres. Pour recruter ce personnel, il y aurait, dans chaque garnison, une école de cuisiniers ; ceux qui, après un stage réglementaire, seraient réellement aptes à faire la cuisine, pourraient être affectés, d'une façon définitive, à une compagnie comme cuisiniers en pied et assimilés aux autres ouvriers : tailleurs, cordonniers, etc., etc.

Nous avons constaté maintes fois que les légumes, surtout les haricots et souvent les pommes de terre, sont mal cuits, parce que le cuisinier ignore les principes les plus élémentaires de la cuisine. La cuisson des légumes doit se faire avec un feu modéré pour amener une ébullition progressive. Si l'eau chauffe trop vite, la fécule du haricot est saisie et se dissout mal, la peau éclate et l'intérieur n'est pas cuit ; les pommes de terre qui sont restées trois ou quatre heures dans les marmites sont souvent dures comme des cailloux. La digestibilité des légumes étant très médiocre à cause de la cellulose qu'ils contiennent et de leur volume, les bienfaits qu'on en attend seront amoindris si tous les légumes ne sont pas consommés. Il faut donc que ceux à qui est confié le soin de préparer les aliments redoublent de vigilance pour arriver à faire manger entièrement la modeste, mais suffisante ration, qui est allouée au soldat.

Lorsque toutes les cuisines seront confiées à des professionnels, ceux-ci devront s'attacher à faire leur préparation d'une façon très propre et à ne pas trop épicer les mets.

Les capitaines veilleront à ce que les aliments soient, autant que possible, consommés chauds; car la chaleur excite l'estomac à se contracter et facilite, en outre, la dissolution des graisses et des gélatines. Voilà pourquoi les aliments réputés lourds se digèrent mieux quand ils sont chauds. Nous ne saurions trop recommander le procédé de cuisson dit à l'étuvée, à l'étouffée (estouffade dans le Midi) ; ce procédé, très utilisé dans certains pays et plus particulièrement en Chine et au Japon, a le grand avantage de conserver aux aliments leur parfum et tous leurs sucs. Les aliments sont cuits dans leur jus, en des vases hermétiquement clos ; la cuisson doit être très lente et les assaisonnements doivent être mis dans le récipient en même temps que la viande et les légumes, car il faut éviter d'ouvrir ensuite les vases.

Depuis quelques années déjà, les capitaines commandants sont en bonne voie ; l'alimentation du soldat est très variée : on donne même une fois par semaine du poisson frais; nous sommes loin de la traditionnelle soupe du matin et du soir et du fameux rata du jeudi. C'est une bonne façon de faire ; la variété dans l'alimentation donne de l'appétit aux soldats et facilite l'assimilation des aliments.

En résumé, il ne suffit pas de veiller sur la composition de la ration, il faut encore s'occuper de la préparation des aliments, si l'on veut que nos soldats soient convenablement nourris.

Toul, avril 1905.

BIBLIOGRAPHIE

Hygiène pour Tous, du Dr PAGÈS, vétérinaire sanitaire, docteur ès sciences. — Librairie Masson et Cie, Paris.

Manuel des viandes, par VILAIN et BASCOU.

Manuel d'inspection des abattoirs et des viandes, par V. GALTIER.

Traité des fraudes, de GÉRARD et BONN.

Les Régimes, par Armand GAUTHIER.

Précis d'inspection des viandes, par PAUTET.

Examen des viandes, par MARTEL.

Abattoir moderne, par MOREAU.

Construction des abattoirs, par LOVERDO.

TABLE DES MATIÈRES

III. — Fraudes qui se pratiquent sur les produits manipulés de la charcuterie.

Appendice.

Paris et Limoges. — Impr. et libr. milit. H. Charles-Lavauzelle.

Librairie militaire Henri CHARLES-LAVAUZELLE

Paris et Limoges.

Du ravitaillement du corps expéditionnaire français pendant la campagne de Chine de 1900-1901, par L. VILLATE, sous-intendant militaire de 1re classe. — Volume in-8° de 136 pages.............. 2 50

Instruction du 22 août 1899 concernant les officiers d'approvisionnement. — In-8° de 148 pages, annexes et modèles, broché......... 1 25

Aide-mémoire des fonctionnaires de l'intendance en campagne, arrêté au 31 mai 1905. — In-12 de 216 pages, relié toile gaufrée..... 2 50

Alimentation et ravitaillement des armées en campagne. Cours d'administration en temps de guerre et de manœuvres professé à l'Ecole supérieure de guerre en 1896-97, par M. PEYROLLE, sous-intendant militaire de 1re classe. — In-8° de 622 pages, 28 figures, tableaux.............. 10 »

Instruction sur l'alimentation et le ravitaillement en viande des troupes en campagne (18 mars 1901), suivie des annexes et modèles. — Volume in-8° de 124 pages, broché............................ 1 25
Relié toile.. 2 »

Aide-mémoire de l'officier d'administration des subsistances militaires et de l'officier d'approvisionnement en campagne, par G. TRÉMEREL, docteur en droit, et H. MARULLAZ, officiers d'administration adjoints de 1re classe des subsistances militaires, professeurs à l'Ecole d'administration militaire. — Volume in-18 de 512 pages, avec tarifs, modèles et croquis, relié pleine toile gaufrée.......................... 5 »

Guide pratique pour le fonctionnement des services administratifs aux manœuvres d'automne, par M. CHEVASSU, sous-intendant militaire (2e édition). — Volume in-18 de 72 pages, relié pleine toile........... 2 »

Résumé du fonctionnement des services administratifs en campagne, par M. PEYROLLE, sous-intendant militaire de 1re classe, professeur à l'Ecole supérieure de guerre. — In-8° de 152 pag., 6 figur., tableaux. 3 »

Nomenclature D. E. F. du matériel du service des subsistances militaires (vivres, chauffage et éclairage, fourrages), en date du 31 décembre 1901. — Volume in-8° de 292 pages, cartonné................... 2 50

Causerie sur l'exécution pratique du service des subsistances, par E. BALME, sous-intendant militaire de 1re classe. — Brochure in-8° de 72 pages.. 1 50

Des perfectionnements nouveaux apportés à l'outillage des moulins, par A. BARRIER, ingénieur des services administratifs de la guerre (édition revue et augmentée). — In-8° de 164 pages, 88 gravures, broché. 5 »

Recherches sur les blés, les farines et le pain, par A. BALLAND, pharmacien principal de l'armée, chef du laboratoire d'expertises du comité de l'intendance militaire, membre correspondant de l'Académie de médecine. — Volume in 8° de 306 pages, broché......................... 6 »

SERVICE DES SUBSISTANCES MILITAIRES. — **Boulangeries roulantes de campagne.** (Volume arrêté à la date du 24 août 1903.) 124 pag., cart. 1 »

Instruction sur les boulangeries légères de campagne. Edition mise à jour des textes en vigueur. — Volume in-8° de 118 pages, avec nombreuses figures, tableaux et annexes, broché.......................... 1 10
Relié toile gaufrée...................................... 1 75

SERVICE DES SUBSISTANCES MILITAIRES. — **Instruction du 15 février 1909 sur l'alimentation en campagne.** (Volume arrêté à la date du 15 février 1909.) 76 pages, cartonné.. » 60

Le suppléant du sous-intendant militaire, par le sous-intendant A. ADRIAN. — In-8° de 172 pages, broché. .... 4 »

R. I.

www.ingramcontent.com/pod-product-compliance
Ingram Content Group UK Ltd.
Pitfield, Milton Keynes, MK11 3LW, UK
UKHW021005200726
13857UKWH00004B/1285

9 782011 927712